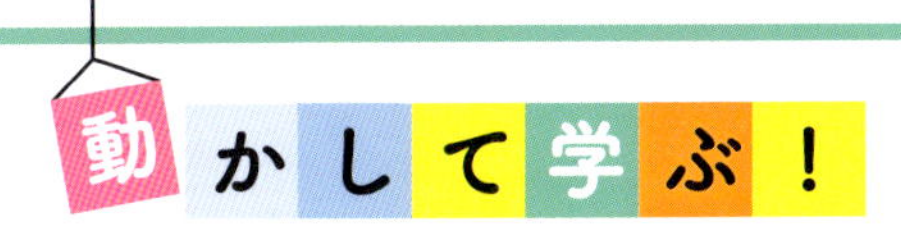

Vue.js（ビュージェイエス）開発入門

森 巧尚［著］

本書内容に関するお問い合わせについて

このたびは翔泳社の書籍をお買い上げいただき、誠にありがとうございます。
弊社では、読者の皆様からのお問い合わせに適切に対応させていただくため、以下のガイドラインへのご協力をお願い致しております。
下記項目をお読みいただき、手順に従ってお問い合わせください。

ご質問される前に

弊社Webサイトの「正誤表」をご参照ください。これまでに判明した正誤や追加情報を掲載しています。

正誤表　https://www.shoeisha.co.jp/book/errata/

ご質問方法

弊社Webサイトの「刊行物Q&A」をご利用ください。

刊行物　Q&A　https://www.shoeisha.co.jp/book/qa/

インターネットをご利用でない場合は、FAXまたは郵便にて、下記翔泳社愛読者サービスセンターまでお問い合わせください。電話でのご質問は、お受けしておりません。

回答について

回答は、ご質問いただいた手段によってご返事申し上げます。ご質問の内容によっては、回答に数日ないしはそれ以上の期間を要する場合があります。

ご質問に際してのご注意

本書の対象を越えるもの、記述個所を特定されないもの、また読者固有の環境に起因するご質問等にはお答えできませんので、予めご了承ください。

郵便物送付先およびFAX番号

送付先住所　〒160-0006　東京都新宿区舟町5
FAX番号　03-5362-3818
宛先　（株）翔泳社　愛読者サービスセンター

※本書に記載されたURL等は予告なく変更される場合があります。
※本書の対象に関する詳細はⅣページをご参照ください。
※本書の出版にあたっては正確な記述につとめましたが、著者や出版社などのいずれも、本書の内容に対してなんらかの保証をするものではなく、内容やサンプルに基づくいかなる運用結果に関してもいっさいの責任を負いません。
※本書に掲載されているサンプルプログラムやスクリプト、および実行結果を記した画面イメージなどは、特定の設定に基づいた環境にて再現される一例です。
※本書に記載されている会社名、製品名はそれぞれ各社の商標および登録商標です。
※本書の内容は、2018年12月執筆時点のものです。

はじめに

Webページを作っているとき、「インタラクティブな機能をちょっと追加したい」と思ったことはないでしょうか？ JavaScriptを使えば機能を追加できますが、実際に組み込むには「ちょっとしたもの」でも、しっかり考える必要があって面倒です。

そんなときにお勧めしたいのが、「**Vue.js（ビュージェイエス）**」です。Vue.jsは、「手軽にインタラクティブなWebページを作ることのできるライブラリ」です。

Vue.jsが優れているのは、何といっても「**使っていて楽しい**」という点です。

Vue.jsでは「**常にデータとWebページがつながった状態**」になっています。データを変えれば、Webページの表示も自動で変わります。逆に、Webページ上でテキスト入力をすれば、データも自動で変わります。裏側の面倒なしくみで頭を悩ます必要がありません。

データを作って、Webページの要素とつなげる。たったこれだけで、インタラクティブなWebページを作れるので、使っていて楽しいのです。

しかも、しくみがわかりやすく、手軽に始められるので、初心者に使いやすいライブラリです。

本書は、そうしたWebページ制作の初心者や、JavaScript初心者のための書籍です。

- HTMLやCSSはわかってきたので、次はインタラクティブな機能を作ってみたい。
- JavaScriptは一応理解したけれど、自分でしくみを考えて作ってみたい。

そのように感じている方は、ぜひVue.jsを体験してみてください。手軽に、楽しく、始められますよ。

2018年12月吉日
森 巧尚

本書の対象読者と必要な事前知識、および構成

本書の対象読者と必要な事前知識

本書はフロントエンドまわりでWebアプリのプログラミングを行っている方に向けて、Vue.jsによる開発方法を紹介した入門書です。

本書を読むにあたり、次のような知識がある読者の方を前提としています。

- HTMLとCSSで簡単なWebページが作れる
- JavaScriptの基本が理解できている

本書の構成

本書は全13章で構成しています。

Chapter 1 では、Vue.jsについて説明しています。
Chapter 2 では、データの表示方法について解説します。
Chapter 3 では、属性の指定方法について解説します。
Chapter 4 では、ユーザーの入力をつなぐ方法を解説します。
Chapter 5 では、ユーザーの操作をつなぐ方法を解説します。
Chapter 6 では、条件とくり返しの使い方を解説します。
Chapter 7 では、Google Chartsと連動させる方法を解説します。
Chapter 8 では、データの変化を監視する方法を解説します。
Chapter 9 では、Markdownエディタを実際に作成します。
Chapter 10 では、アニメーションの作成方法を解説します。
Chapter 11 では、実際にToDoリストを作る方法を解説します。
Chapter 12 では、部品にまとめる方法を解説します。
Chapter 13 では、JSONデータを表示させる方法を解説します。

本書のサンプルの動作環境と付属データ・会員特典データについて

本書のサンプルの動作環境

本書の各章のサンプルは表1の環境で、問題なく動作することを確認しています。
なお、本書ではmacOSの環境を元に解説しています。

▼表1：実行環境

OS	ブラウザ
macOS High Sierra 10.13.6	Safari 12.0.1/Google Chrome
Windows 10	Microsoft Edge
JavaScriptフレームワーク	バージョン
Vue.js	2.5

※ Vue.jsのバージョン2.6（2021年時点での最新版）で動作することも確認しています。

付属データのご案内

付属データ（本書記載のサンプルコード）は、以下のサイトからダウンロードできます。

・付属データのダウンロードサイト
URL https://www.shoeisha.co.jp/book/download/9784798158921

注意

付属データに関する権利は著者および株式会社翔泳社が所有しています。許可なく配布したり、Webサイトに転載したりすることはできません。

付属データの提供は予告なく終了することがあります。あらかじめご了承ください。

会員特典データのご案内

会員特典データは、以下のサイトからダウンロードして入手いただけます。

・会員特典データのダウンロードサイト
URL https://www.shoeisha.co.jp/book/present/9784798158921

注意

会員特典データをダウンロードするには、SHOEISHA iD（翔泳社が運営する無料の会員制度）への会員登録が必要です。詳しくは、Webサイトをご覧ください。

会員特典データに関する権利は著者および株式会社翔泳社が所有しています。許可なく配布したり、Webサイトに転載したりすることはできません。

会員特典データの提供は予告なく終了することがあります。あらかじめご了承ください。

免責事項

付属データおよび会員特典データの記載内容は、2018年12月現在の法令等に基づいています。

付属データおよび会員特典データに記載されたURL等は予告なく変更される場合があります。

付属データおよび会員特典データの提供にあたっては正確な記述につとめましたが、著者や出版社などのいずれも、その内容に対してなんらかの保証をするものではなく、内容やサンプルに基づくいかなる運用結果に関してもいっさいの責任を負いません。

付属データおよび会員特典データに記載されている会社名、製品名はそれぞれ各社の商標および登録商標です。

著作権等について

付属データおよび会員特典データの著作権は、著者および株式会社翔泳社が所有しています。個人で使用する以外に利用することはできません。許可なくネットワークを通じて配布を行うこともできません。個人的に使用する場合は、ソースコードの改変や流用は自由です。商用利用に関しては、株式会社翔泳社へご一報ください。

2018年12月
株式会社翔泳社　編集部

目次

Chapter 1

Vue.jsって何？

01 Vue.jsって何？

Vue.jsという人気のJavaScriptフレームワークについて解説します。

jQueryよりもシンプル！

Webページを作っているとき、「少し機能を追加したい」と思ったことはありませんか？

「文章を入力すると、残りの文字数を表示される機能」とか、「同意のチェックボックスにチェックするまでは、送信ボタンが有効にならない機能」といった便利機能です。

Webページにこれらの機能を追加するには、JavaScriptでプログラムを作る必要があります。「HTMLの中から要素を探し出して、その要素になんらかの命令をする」というプログラミングです。このときjQueryを使えば、簡潔にプログラムを書けますが、それでもちゃんとDOMとJavaScriptの関係を把握する必要があるのでやや複雑です。

もう少しわかりやすくプログラムを作れる環境はないものでしょうか。あります。それが**Vue.js**（ビュージェイエス）です（図1.1）。

Vue.jsは、「初心者でも簡単にWebページにインタラクティブな機能を追加することができるライブラリ」です。直感的に作ることができ、しかもシンプルなので学習しやすいのが特長です。

Webページや JavaScriptの使い方がようやくわかってきたぐらいの初心者でも、すぐに使うことができますので、いろいろ試してみましょう。Webページにあんな機能やこんな機能をつけてみようと、アイデアが広がりますよ。

Vue.jsで、Webページを楽しく作りましょう！

Vue.js
URL https://jp.vuejs.org

▲図1.1：Vue.js

ワンポイント Vue.jsに対応するブラウザ

Vue.jsはECMAScript 5の機能を使用するため、Internet Explorer 8 (IE8) 以前のバージョンをサポートしていません。しかし、ECMAScript 5準拠のブラウザであればすべてサポートしています。

SPA (シングルページアプリケーション) のメリット

1枚のWebページにいろいろな機能を用意して、「1枚のページだけで動くWebアプリケーション」のことを「**SPA**（シングルページアプリケーション）」といいます。

従来のWebアプリケーション（図1.2）では、サーバーと通信を行いつつ、ページを何枚も切り替えながら実行していくのが普通でした。ユーザーが何か操作をすると、そのデータがサーバーに送信され、サーバーが結果のページを作って送り返してきます。ブラウザはそのページを表示し、これをくり返すことでページが進んでいきます。

しかしSPAでは、1ページだけを表示し続けます（図1.3）。ユーザーが何か操作をすると、画面上の変更する部分だけを書き換えて実行します。

▲図1.2：従来のWebアプリケーションの動作

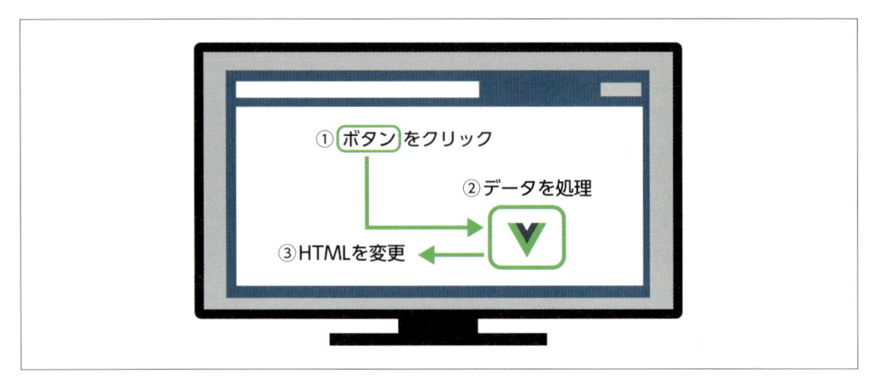

▲図1.3：SPAのWebアプリケーションの動作

そのため、SPAには以下のようなメリットがあります。

表示の切り替えがスムーズ

表示を変えるとき、ページ全体を読み込み直すのではなく、部分的に書き換えるだけなので表示の切り替えがスムーズに、素早く行えます。文字が表示されるとき、フェードインしながら下から移動してくる、といったなめらかなアニメーション表現がしやすいのも特徴のひとつです。

サーバー側とフロントエンド側の役割分担がわかりやすい

サーバー側でページを作る処理が必要ないので、サーバー側は本当に扱わないといけないデータ処理にだけ集中することができます。ページの表示方法や、サーバーに問い合わせるまでもないようなちょっとした計算処理はフロントエンド側で作れるので、開発の役割分担もしやすくなります。

ネイティブアプリの代わりとして使うこともできる

「1ページを表示し続けて、必要な部分だけ書き換える」というのは、言ってみればスマホアプリやパソコンのアプリでやっていることと同じようなことです。SPAはそのようなネイティブアプリ（各プラットフォーム専用のアプリ）と比較しても遜色のないレベルのものなので、SPAをネイティブアプリの代用として使うこともあります。

ワンポイント SPA

速さが求められる場合があるので、以前、SPAのようなWebページはFlashで作られていました。Flashが使われなくなってからは、かなり減ってしまったのですが、やはり反応の速いSPAが注目されているようです。

Vue.jsは、学習しやすくて、軽いSPAを作れる

このようなメリットからSPAに関心が集まってきています。

SPAを作ることができるライブラリとして有名なものには、Googleが作ったフルスタックフレームワークの「**AngularJS**（アンギュラージェイエス）」や、Facebookが作った「**React**（リアクト）」などがあります。

AngularJSやReactは、本格的な大規模アプリケーション開発に適しています。サイト全体をまるごと作り直すようなとき、開発環境を整えて、しっかりとした設計で作っていくのに向いています。そのため、使い方を覚えるまでに多少の学習時間がかかります。JavaやC#などのプログラミングを行っていた人には向いているようです。

それに対して**Vue.js**は、手軽に小規模アプリケーションを作れることを目指して作られました。中国のEvan You（エヴァン・ヨー）さんによって開発され、2014年にリリースされた新しいフレームワークです。以前Evan Youさんは、GoogleのAngularJS開発チームの一員でした。Vue.jsの開発理由についてこう話しています。「Angularの本当に好きな部分を抽出して、軽量なものを作ることができたらどうだろう。それがVueの始まりだった」。シンプルで軽量なSPAを作りたくなったんですね。

さらに、「高校時代にはFlashを使ってインタラクティブなストーリー体験を楽しんでいた」という経験があるらしいですし、デザイナーになりたくてニューヨークのデザイナースクールに通っていたほどです。だから、「画面をスムーズに変

化させるのが得意なライブラリ」になっているのでしょう。

参考：Evan You（エヴァン・ヨー）
「Between the Wires: An interview with Vue.js creator Evan You」
URL https://medium.freecodecamp.org/between-the-wires-an-interview-with-vue-js-creator-evan-you-e383cbf57cc4

Vue.jsは、「今あるサイトに、SPAのページを追加する」とか「すでにあるHTMLページに、パーツを作って追加する」といった機能の追加に適しています。

ですが、上級者になれば高機能なSPAを使ったサイト全体を構築することも可能になっています。Vue.jsは、パーツ作りやページ作りからサイト作りまで、いろいろなスケールでSPAを作れるフレームワークなのです。

Vue.jsの特徴

学習しやすく、軽くてシンプルなSPAを簡単に作れる

ワンポイント Vue.jsのコードネーム

Evan Youさんは、日本のアニメが好きなようです。Vue.jsの各バージョンのコードネーム（表1.1）には「エヴァンゲリオン」や「ジョジョの奇妙な冒険」といった日本のアニメの名前が使われています。今後のコードネームがどのようになっていくのか楽しみですね。

▼表1.1：Vue.jsの各バージョンのコードネーム

バージョン	コードネーム	アニメ名
0.9	Animatrix	アニマトリックス
0.10	Blade Runner	ブレードランナー
0.11	Cowboy Bebop	カウボーイビバップ
0.12	Dragon Ball	ドラゴンボール
1.0	Evangelion	エヴァンゲリオン
2.0	Ghost in the Shell	攻殻機動隊
2.1	Hunter X Hunter	HUNTER×HUNTER
2.2	Initial D	頭文字D
2.3	JoJo's Bizarre Adventure	ジョジョの奇妙な冒険
2.4	Kill la Kill	キルラキル
2.5	Level E	レベルE
2.6	Macross	超時空要塞マクロス

どのようなものが作れる？

Vue.jsを使うとどのようなものが作れるのでしょうか？　Vue.jsのサイトにアクセスして「学ぶ」メニューから「例」を選んでみてください（図1.4）。いくつかの例が載っています。

▲図1.4：「学ぶ」メニューから「例」を選ぶ

Vue.jsのサンプル
URL https://jp.vuejs.org/v2/examples/

以下の例はすべて、サーバーとの処理通信を行うことなく、ブラウザのページ上だけで実現できるアプリです。

Markdownエディタ

Markdownエディタの作例です（図1.5）。仕組みについては、Chapter 9で紹介します。

左側に文字を入力すると、右側にMarkdown形式で表示されます。

▲図1.5：Markdownエディタの例

グリッドコンポーネント

テーブルと、検索文字を使った作例です（図1.6）。「Search」欄に文字を入力すると、表の中身がその文字を含むものだけに絞り込まれます。

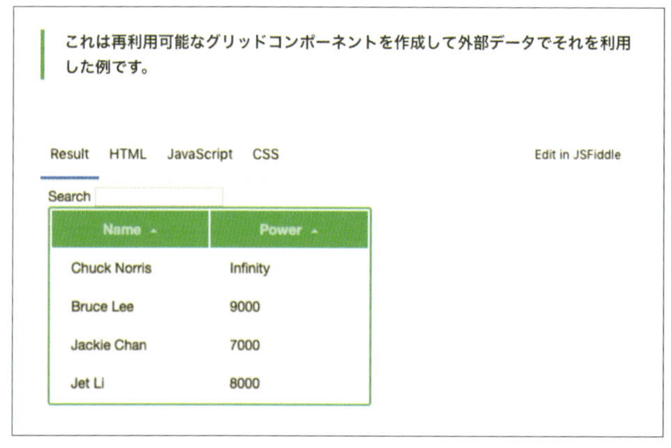

▲図1.6：グリッドコンポーネントの例

SVGグラフ

SVGのグラフィックスをリアルタイムで操作する作例です（図1.7）。各スライダーを増減すると、その項目の値が増減し、グラフの形が変わります。

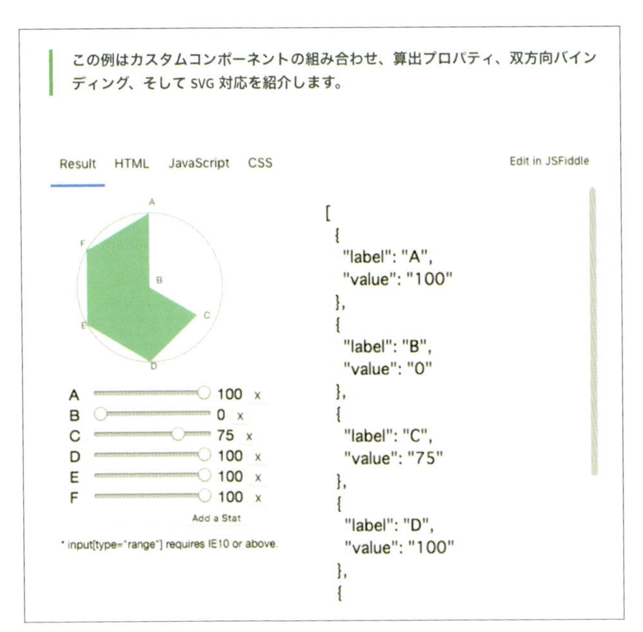

▲図1.7：SVGグラフの例

ToDoMVCの例

ToDoリスト機能の作例です（図1.8）。仕組みについてはChapter 11で紹介します。

- 「What needs to be done?」の欄に入力すると、ToDoを追加できます。
- 項目の先頭にチェックを入れると、その項目が薄い色＆打ち消し線表示になります。同時に、左下の「items left」の値が変化します。
- 「Clear completed」ボタンをクリックすると、チェックを入れた項目が削除されます。

▲図1.8：ToDoMVCの例

メモ MVC

Model View Controllerの略。MVCモデルでWebアプリケーションを作成する場合、Model（モデル）、View（ビュー）、Controller（コントローラ）に分けます。

02 Vue.jsは「データと表示をつなげる仕組み」

HTMLとVue.jsの関係とともに、MVVMという新しい仕組みについて紹介します。

Vue.jsとは、ひと言でいうと**データと表示をつなげる仕組み**です。少し難しい言い方になりますが、「**MVVM**（Model-View-ViewModel）」という考え方をもとに作られています。「Model（Vue内に用意したデータ）」と「View（HTMLで表示している要素）」と「ViewModel（それらをどのようにつなぐか）」で考えていく方法です（図1.9）。

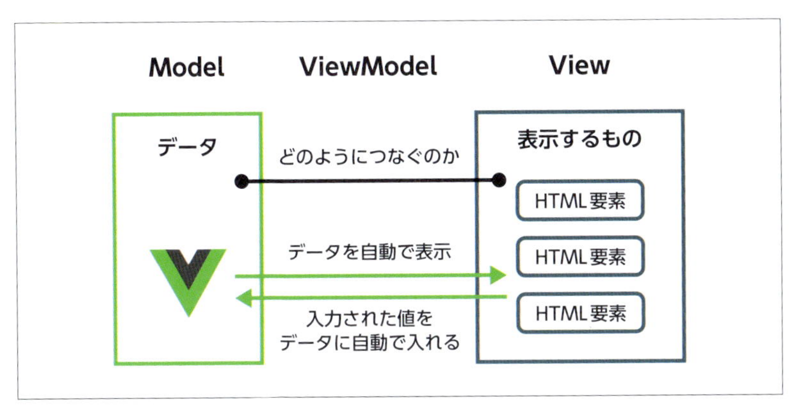

▲図1.9：MVVMの構造

そこで、MVVMの仕組みを考えるときは、「1. データは何か」「2. 表示する要素は何か？」「3. どのようにつなぐのか？」という流れで考えるとわかりやすいでしょう。

1. **データは何か？（Model）**
   Webページ上で変化する部分は何か。そのために必要なデータを考えます。
2. **表示する要素は何か？（View）**
   そのデータを、HTMLのどこに、どのように表示するのかを考えます。
3. **どのようにつなぐのか？（ViewModel）**
   HTMLのどこが操作されたとき、データがどのように変化するのかを考えます。

画面に見えているのは「HTMLで指定した要素（View）」ですが、裏側には「データを取り扱っているVue.jsの部分（Model）」があって、「そのデータと表示をどのようにつなぐのか」というイメージで考えます（図1.10）。

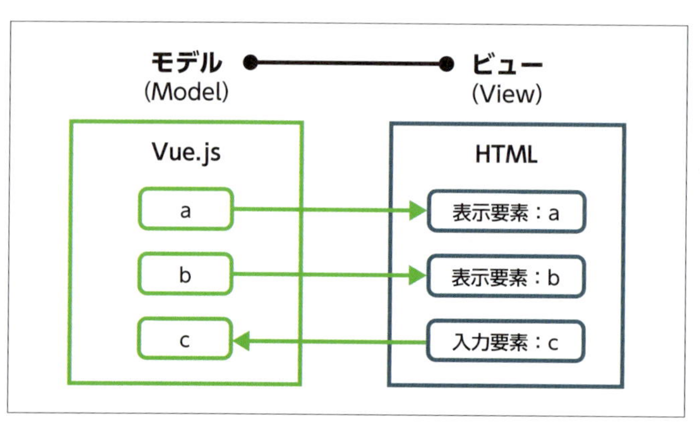

▲図1.10：HTMLとVue.jsの関係

使えるデータの種類は、数値型、文字列型、ブーリアン型、配列、オブジェクトデータなど、JavaScriptで使えるデータであればすべて使えます。

Vue.jsの作り方

データを作って、表示する要素を用意して、つなぎ方を決める

Vue.jsの主な機能一覧

Vue.jsには、いろいろな機能がありますが、シンプルでそんなに数は多くありません。主な機能を次の表に挙げました（表1.2）。本書では、この項目ごとに解説していきます。

▼表1.2：Vue.jsの主な機能

機能	書式	解説章
データをそのまま表示する	{{ データ }}	Chapter 2
要素の属性をデータで指定する	v-bind	Chapter 3
入力フォームとデータをつなげる	v-model	Chapter 4
イベントとつなぐ	v-on	Chapter 5
条件によって表示する	v-if	Chapter 6
くり返し表示する	v-for	Chapter 6
データを使って別の計算をする	computed	Chapter 8
データの変化を監視する	watch	Chapter 8
表示／非表示時にアニメーションする	transition	Chapter 10
部品にまとめる	component	Chapter 12

03 インストールしてみよう

Vue.jsのインストール方法を紹介します。

Vue.jsをインストールする方法には、「**CDNを使う方法**」「**ダウンロードする方法**」「**Vue-cliで始める方法**」などいろいろあります。本書では、初心者が手軽に行える「CDNを使う方法」と「ダウンロードする方法」について見ていきましょう。「Vue-cliで始める方法」は大規模アプリケーションを構築するときに使う方法なので、初心者には推奨されていないようです。

では、Vue.jsサイトのインストールのページを見てみましょう（図1.11）。

Vue.jsサイトのインストール
URL https://jp.vuejs.org/v2/guide/installation.html

▲図1.11：Vue.jsサイトのインストールのページ

CDNを使う方法

一番簡単なインストール方法が「CDNを使う方法」です（図1.12）。

CDN

手動で更新できる特定のバージョン番号にリンクすることをお勧めします:

HTML

```
<script src="https://cdn.jsdelivr.net/npm/vue@2.5.17/dist/vue.js"></script>
```

cdn.jsdelivr.net/npm/vue で NPM パッケージのソースを参照することができます。

Vue は unpkg または cdnjs 上でも利用可能です(cdnjs は同期に少し時間がかかるため、最新版ではない可能性があります)。

Vue のさまざまなビルドについてを読み、公開されたサイトでは**本番バージョン**を使用し、 vue.js を vue.min.js に置き換えてください。これは開発体験の代わりにスピードのために最適化された小さなビルドです。

NPM

▲図1.12：CDNを使ったVue.jsのインストール

CDNとは「Content Delivery Network（コンテンツデリバリーネットワーク）」の略で、ネットワーク上に公開されたライブラリを直接読み込んで実行する方法です。このため、自分のサーバーにライブラリを置く必要がありません。

CDNサービスにはjsdelivr、unpkg、cdnjsなどいろいろな種類があります。Vue.jsのサイトではjsdelivrを使う方法が書かれていますので、これを使ってみましょう。

メモ　CDN

開発時点での最新バージョンを指定しておけば、最新の環境が使えます。バージョンを指定しておけば、今後ネット上でバージョンアップが行われても、開発時に使った正しく動作するバージョンを指定し続けることができます。

開発用の「vue.js」と公開用の「vue.min.js」がありますが、開発では「**vue.js**」を使います。vue.jsは、プログラムに問題があったときに警告を出力してくれます。

```
<script src="https://cdn.jsdelivr.net/npm/vue@2.5.17/dist/vue.js">⏎
</script>
```

たとえば、用意していないデータを表示しようとしたとき、ブラウザのコンソールに「[Vue warn] : Property or method "xxxxx" is not defined 」という警告が出て、「xxxxxというデータや命令文はありませんよ」と教えてくれます（図1.13）。

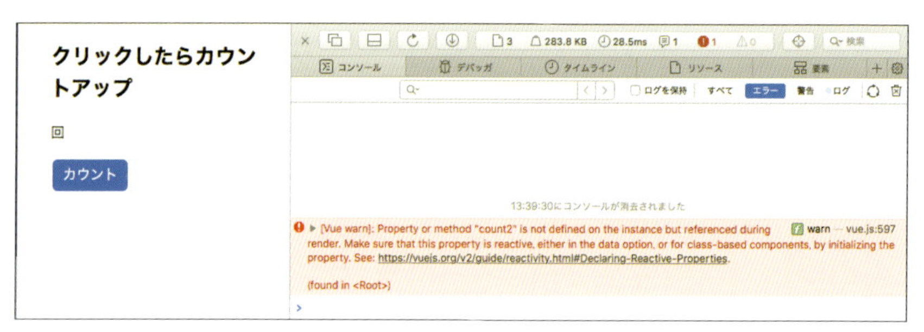

▲図1.13：vue.jsが出力する警告（countupError.html）

メモ ブラウザのコンソール

ブラウザのコンソールを表示するには、Google Chromeでは、[F12] キーを押すか、画面右上の [⋯] →「その他のツール」→「デベロッパーツール」を選択して [Console] タブをクリックします。Windows Edgeでは、[F12] キーを押すか、画面右上の [⋯] →「開発者ツール」を選択して [コンソール] タブをクリックします。AppleのSafariでは、「開発」メニューの「JavaScriptコンソールを表示」を選択します。「開発」メニューが表示されていない場合は、Safariの「環境設定」の「詳細」ボタンをクリックし、下のほうにある「メニューバーに“開発”メニューを表示」にチェックを入れます。

公開時には、「vue.js」を「**vue.min.js**」に書き換えて使いましょう。警告出力がなく最適化されたバージョンです。本番用なので開いて見たりすることなどは考えられていません。空白やインデントを削ったり変数名を1文字にするなど、とにかくサイズを小さくして軽く読み込めるようになっています。

```
<script src="https://cdn.jsdelivr.net/npm/vue@2.5.17/dist/vue.min.js">⏎
</script>
```

ダウンロードする方法

CDNの次に簡単に使える方法が、「直接組み込みでダウンロードする方法」です（図1.14）。

▲図1.14：直接組み込みでダウンロードする方法

この方法では、自分のサーバーにライブラリを置いて読み込みます。「開発バージョン」と「本番バージョン」が用意されています。CDNと同じように、開発中は「開発バージョン」を使い、公開時には、「本番バージョン」を使うようにします。

04 試してみよう

プログラミング学習は手を動かすことが大切。
簡単なコードを書いてみましょう。

それでは実際に、Vue.jsを使ってプログラムを作ってみましょう。

▶ クリックした回数を表示するボタン：countup.html

まず作成するのは、「クリックした回数をカウントするボタン」です。以下のHTMLファイルを作ったら、ブラウザで開いてみましょう（リスト1.1）。ボタンをクリックするたびに、表示されている数が増える機能のできあがりです。

なお、「01:」「02:」などの行番号は説明のために付け加えたものなので、HTMLファイルに記述する必要はありません。

▼リスト1.1：countup.html

HTML

```
01: <!DOCTYPE html>
02: <html>
03:   <head>
04:     <meta charset="UTF-8">
05:     <title>Vue.js sample</title>
06:     <link rel="stylesheet" href="style.css">
07:     <script src="https://cdn.jsdelivr.net/npm/vue@2.5.17/dist/⏎
    vue.js"></script>
08:   </head>
09: 
10:   <body>
11:   <h2>クリックしたらカウントアップ</h2>
12:   <div id="app">
13:     <p> {{count}}回</p>
14:     <button v-on:click="countUp">カウント</button>
15:   </div>
16: 
17:   <script>
18:   new Vue({
```

```
19:       el: "#app",
20:       data: {
21:         count:0
22:       },
23:       methods: {
24:         countUp: function() {
25:           this.count++;
26:         }
27:       }
28:     })
29:     </script>
30:   </body>
31: </html>
```


6行目：「<link rel="stylesheet" href="style.css">」は、見栄えをよくするために「style.css」を読み込んで使っています。章末コラムで説明している「style.css」を同じフォルダに置いて実行してください。装飾が変わるだけなので、この行はなくても問題ありません。

7行目：CDNを使ってVue.jsをインストールしている行です。現時点での最新版の「vue@2.5.17」が指定されています。Vue.jsのインストールのページに載っている最新版を使ってもかまいません。

11～15行目：表示する要素は、この5行だけです。

17～29行目：Vue.jsのプログラムです。

実行例は図1.15のとおりです。「カウント」ボタンをクリックすると❶、その上の回数の表示が変化します❷。

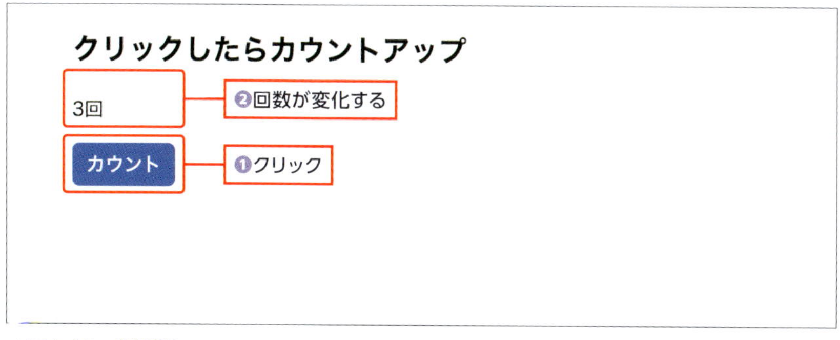

▲図1.15：実行例

コラム

別の書き方

「countup.html」では、<script>タグを<body>タグの一番下に書いています。これはVue.jsが実行されるとき、「HTML要素の読み込みが先に終わっている必要がある」からです。ですが、「HTMLの要素の読み込み完了時に実行」すればいいのですから、「window.onload」を使って、<div>タグより先に記述することも可能です（リスト1.2）。

▼リスト1.2：countup1.html

HTML

```
<!DOCTYPE html>
<html>
  <head>
    <meta charset="UTF-8">
    <title>Vue.js sample</title>
    <link rel="stylesheet" href="style.css" >
    <script src="https://cdn.jsdelivr.net/npm/vue@2.5.17/dist/⏎
vue.js"></script>

    <script>
    window.onload = function() {
      new Vue({
        el: "#app",
        data: {
          count:0
        },
        methods: {
          countUp: function() {
            this.count++;
          }
        }
      })
    }
    </script>
  </head>

  <body>
    <h2>クリックしたらカウントアップ</h2>
    <div id="app">
      <p> {{count}}回</p>
      <button v-on:click="countUp">カウント</button>
    </div>
  </body>
</html>
```

コラム

CSSの一例

このstyle.css（リスト1.3）は指定しなくても動作するのですが、本書ではCSSの一例としてこの装飾を使っています。使わなくてもかまいませんし、好きなCSSに変更してもらってもかまいません。

▼リスト1.3：style.css

CSS

```css
@charset "UTF-8";
html {
  width: 80%;
  margin-right: auto;
  margin-left: auto;
  font-family: sans-serif;
  font-size: 16px;
  line-height: 1.5;
}

input,button,select,optgroup,textarea {
  font-family: inherit;
  font-size: inherit;
  line-height: inherit;
}

button {
  cursor: pointer;
  padding: 6px 12px;
  border-radius: 6px;
  color: #fff;
  border: 2px;
  background-color: #007bff;
  transition: background-color .2s
}
button:hover {
  background-color: #0069d9;
}
button:active {
  background-color: #003c7c;
}
button:disabled {
  opacity: .5;
  pointer-events: none;
}
```

```
input {
  padding: 6px 12px;
  border-radius: 6px;
  color: #495057;
  border: 2px solid #ced4da;
}

textarea {
  width: 500px;
  height: 200px;
}
select {
  border: 2px solid #ced4da;
}
```

05 まとめ

第1章をおさらいしてみましょう。

図で見てわかるまとめ

Vue.jsでSPAを作るときは、まずCDNでVue.jsを読み込みます。

そして、HTML要素と、script要素で作ったVueインスタンスをつなげて作ります（図1.16）。

HTML

```
<html>
  <head>
    <title>Vue.js sample</title>
    <script src="https://cdn.jsdelivr.net/npm/vue@2.5.17/dist/vue.js">
    </script>
  </head>

  <body>
    <div id="app">
      <p> {{ myText }} </p>
    </div>

    <script>
    new Vue({
      el: '#app',
      data: {
        myText: 'Hello!!!'
      }
    })
    </script>
  </body>
</html>
```

CDNでVue.jsを読み込む

Vue.jsとつながる要素

Vueインスタンス

▲図1.16：図で見てわかるまとめ

書き方のおさらい

Vue.jsを使う基本

❶ Vue.jsライブラリをCDNでインストールします。

```html
<script src="https://cdn.jsdelivr.net/npm/vue@2.5.17/dist/vue.js">↵
</script>
```

❷ VueとつなげるHTML要素を作ります。HTMLの表示させたいところに「{{ プロパティ名 }} 」か、「v-text="プロパティ名"」と指定します。

```html
<div id="app">
  <p> {{ myText }}</p>
</div>
```

❸ script要素で、Vueインスタンスを作ります。

```html
<script>
  new Vue({
    el: '#app',
    data: {
      myText:'Hello!!!'
    }
  })
</script>
```

Chapter 2
データを表示するとき

01 Vueインスタンスを作る：new Vue

SPA作成の第一歩として、
Vueインスタンスを作ってみましょう。

Vue.jsでSPA（シングルページアプリケーション）を作るには、まず**Vueインスタンス**を作るところから始めます。「Vueインスタンス」とは「**SPAを裏で動かしている実体**」のことです。Vueインスタンスにいろいろなオプション指定をしていくことで、SPAの機能が動き出します。

書式 Vueインスタンスを作る

```
new Vue({ Vueインスタンスの中身 })
または
var 変数名 = new Vue({ Vueインスタンスの中身 })
```

「Vueインスタンス」では、まず「**elオプション**」と「**dataオプション**」を用意します。

elオプションでは、**「どのHTML要素とつながるのか」**を指定します。

HTMLの中に「<タグ名 id="ID名">と書いた要素」という記述をしておいて、elオプションで「`el: "#ID名"`」と指定することでその要素とつながります。

dataオプションでは、**「どんなデータがあるのか」**を指定します。

「`data : { データ部分 }`」に、「`<プロパティ名> : <値>`」の書式でデータを書いていきます。ここに書くことで、データが作られます。Vue.jsでは、データの名前のことを**プロパティ**といいます。もし、データが複数ある場合は、カンマ区切りで並べることができます。

書式 Vueインスタンスを作る（el、dataオプション）

HTML
```
<div id="ID名">
</div>
```

JS
```
new Vue({
  el: "#ID名",
  data:{
    プロパティ名:値,
    プロパティ名:値
  }
})
```

メモ 「id="ID名"」

HTML側で「id="ID名"」と書く要素は、idを指定できる要素であればどれでも使えるようですが、範囲を表す「<div>」などを使うのがわかりやすいでしょう。

このほかにも、Vueインスタンスには、

- どのHTML要素とつながるのか
- どんなデータがあるのか
- どんな処理を行うのか
- どのデータを使って別の計算をするのか
- どのデータを監視するのか

などといったいろいろなものを書いていきます（図2.1）。

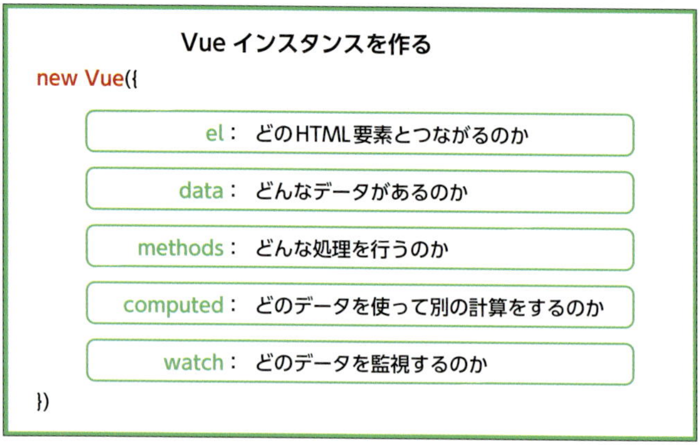

Vue インスタンスを作る

new Vue({

el： どのHTML要素とつながるのか

data： どんなデータがあるのか

methods： どんな処理を行うのか

computed： どのデータを使って別の計算をするのか

watch： どのデータを監視するのか

})

▲図2.1：Vueインスタンスの中身

02 データをそのまま表示する：{{ データ }}

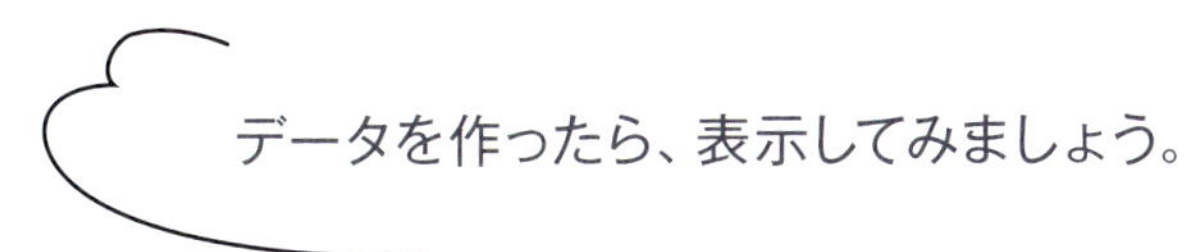

マスタッシュ（{{　}}）タグで表示

最初は、データをそのまま表示してみましょう。データをそのまま表示するときは、「{{　}}」を使います。

データをそのまま表示するときは、{{ データ }}

HTMLの表示テキスト部分に、**{{ プロパティ名 }}**と記述します。この二重波括弧のことを、**マスタッシュ（Mustache）タグ**といいます。

ワンポイント　マスタッシュ

マスタッシュ（Mustache）とは、口ひげという意味です。たしかに { を横に倒してみると、口ひげのように見えますね（図2.2）。

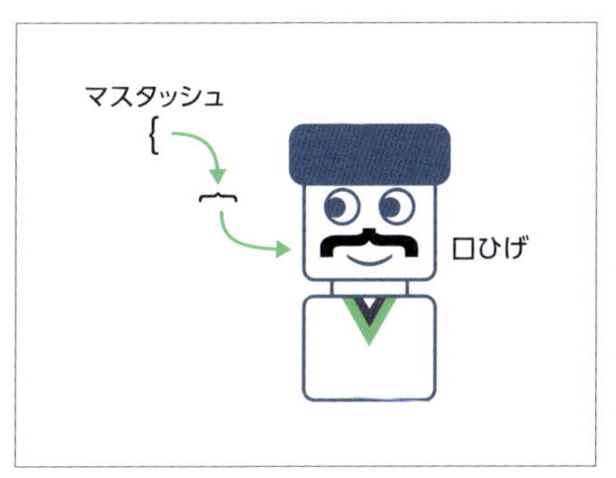

▲図2.2：マスタッシュを横に倒すと口ひげに

「HTMLに、プロパティ名をマスタッシュタグで囲んで記述するだけ」で、実行時にプロパティの値に差し替わって表示されるのです。「Vueインスタンスのデータが Webページ上の表示と結合すること」を、**データバインディング**といいます。

書式 データをそのまま表示する

HTML
```
{{ プロパティ名 }}
```

▶ データをそのまま表示する例：hello1.html

それでは、データとして用意した「Hello!!!」の文字を表示してみましょう。

HTML
```
<div id="app">
  <p>{{ myText }}</p>
</div>
```

まずdiv要素に「id="app"」と指定して、Vueインスタンスとつなげようと思います。

次にそのdiv要素の中で、文字を表示させたい場所に、「myText」をマスタッシュタグで囲んで書きます。この名前は自由に作れます。表示側の設定はこれで終わりです。

JS
```
<script>
  new Vue({
    el: '#app',
    data: {
      myText:'Hello!!!'
    }
  })
</script>
```

次は、Vueインスタンスの設定です。

「el:」に「'#app'」と指定すると、HTMLのdiv要素とつながります。

「data:」に「myText」プロパティを用意して、値を「Hello!!!」にします。

メモ　本書で掲載するコード

Chapter 1では、本誌誌面にHTML全体を載せていましたが、シンプルに読めるように、今後は<body>タグに入れるdiv要素とscript要素だけを載せます。すべての記述が知りたい方は、サンプルファイルをダウンロードできるようにしていますので、そちらをご覧ください。

行っていることはたったこれだけです。

1. div要素とVueインスタンスをつなぐ
2. 文字を表示させたい場所に、マスタッシュタグでプロパティ名を囲んで書く
3. Vueインスタンスの「data:」にデータを用意する

さあ、ブラウザで実行してみましょう。「{{ myText }}」の場所に「Hello!!!」と表示されるのがわかります（図2.3）。図2.4では、Vue.jsとHTMLがどのように役割分担しているのか図で表してみました。**Vue.jsのデータと、HTMLのWebページが常につながっている**のです。

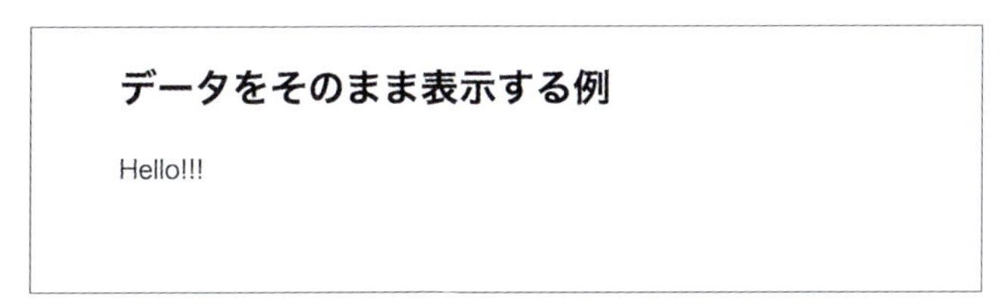

▲図2.3：「Hello!!!」が表示された

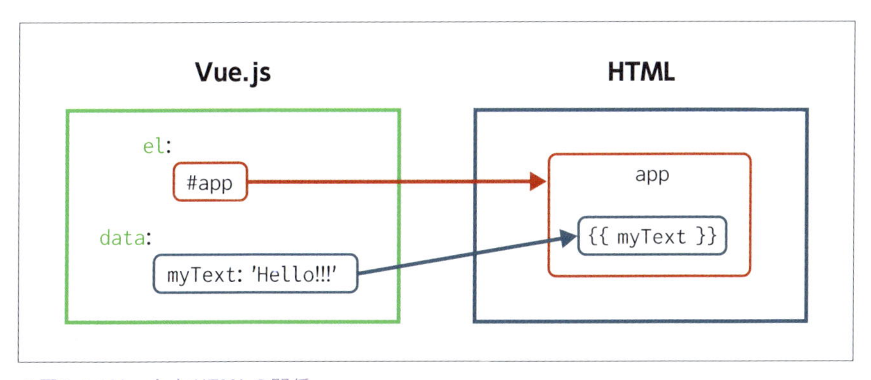

▲図2.4：Vue.jsとHTMLの関係

v-textで表示

データをそのまま表示するには、「マスタッシュタグで囲むだけ」で書けましたが、これは最も良く使う書き方なので特別に簡単な書き方として用意されているものです。

ですがVue.jsでは基本的に、HTMLの要素に対して行う命令は、**ディレクティブ**を使います。

ディレクティブとは、「要素に対してVueがどんなことを行うかを指示する命令」のことで、頭に「v-」がついています。先ほどの「データをそのまま表示する」という機能も、ディレクティブを使った書き方が用意されています。それが**「v-text」**です。タグの中に以下のように書いて使います。

書式 データをv-textで表示する

```html
<タグ名 v-text="プロパティ名"></タグ名>
```

マスタッシュタグのほうがシンプルですね。

▶ データをv-textで表示する例：hello2.html

データとして用意した「Hello!!!」の文字をv-textで表示してみましょう。

マスタッシュタグの代わりに、表示させるHTMLタグに、「v-text="myText"」と指定します。これで、このタグに「myText」の値が表示されるようになります。

```html
<div id="app">
  <p v-text="myText"></p>
</div>
```

Vueのプログラムは「hello1.html」と同じものです。

```js
<script>
  new Vue({
    el: '#app',
    data: {
      myText:'Hello!!!'
```

```
    }
  })
</script>
```

実行してみましょう。「<p v-text="myText"></p>」の場所に「Hello!!!」と表示されるのがわかります（図2.5）。

データをv-textで表示する例

Hello!!!

▲図2.5：データをv-textで表示する

コラム

シングルクォーテーションとダブルクォーテーション

HTMLでもJavaScriptでも、文字列の両側は必ず「"」（ダブルクォーテーション）か「'」（シングルクォーテーション）で囲みます。どちらを使ってもかまわないのですが、開始と終了は必ず同じ記号を使います。「"」で囲み始めたら「"」までが文字列になりますし、「'」で囲み始めたら「'」までが文字列です。

この2種類のクォーテーションがあるおかげで、「**違うほうの記号を使える**」というメリットがあります。

たとえばシングルクォーテーションを使えば、「alert('私は"こんにちは"と言った。');」と「"」記号を表示させることもできます。ダブルクォーテーションを使えば、「alert("i'm sorry.");」と「'」記号を表示させることができます。

また、「template: '<p class="my-comp">私は、{{ myName }}です。</p>'」などと「JavaScriptでHTMLのタグを作る」ということもできます。

実際には、**HTMLではダブルクォーテーションが使われることが多く、JavaScriptではシングルクォーテーションが使われることが多い**ようです。GoogleのJavaScriptコーディング規約で、シングルクォーテーションが推奨されているからかもしれません。

本書では、HTMLではダブルクォーテーションを使い、JavaScriptではシングルクォーテーションを使っています。

v-htmlで表示

マスタッシュタグやv-textはテキストをそのまま表示しますが、HTMLとして表示させるときは、「v-html」を使います。

書式 データをHTMLで表示する

```
<タグ名 v-html="プロパティ名"></タグ名>
```

ワンポイント v-htmlの安易な使用は要注意

HTMLの表示は便利な機能ではありますが、自由にHTMLを追加できてしまいます。表示が乱れたり、場合によっては間違った処理を行うJavaScriptを埋め込んでしまうこともできてしまいます。v-htmlで表示させるときは注意するようにしてください。

▶ データをHTMLで表示する例：hello3.html

「data:」に、タグ付きの「<h1>Hello!!!</h1>」を用意して、それを表示してみましょう。ここでは、違いがわかるように「マスタッシュタグ」「v-text」「v-html」の3種類の書き方で表示させます。

「myText」の表示を3種類の書き方で指定しておきます。

```html
<div id="app">
  <p>{{ myText }}</p>
  <p v-text="myText"></p>
  <p v-html="myText"></p>
</div>
```

Vueインスタンスの「data:」に「myText」を用意して、値を「<h1>Hello!!!</h1>」にします。

```js
<script>
  new Vue({
    el: '#app',
```

```
      data: {
        myText:'<h1>Hello!!!</h1>'
      }
    })
  </script>
```

実行してみましょう。マスタッシュタグとv-textではタグもそのまま表示されますが、v-htmlで指定した場合は、HTMLとして変換されて表示されるのがわかります（図2.6）。

HTMLで表示する例

<h1>Hello!!!</h1>

<h1>Hello!!!</h1>

Hello!!!

▲図2.6：マスタッシュタグ、v-text、v-htmlの3種類で表示する

03 使えるデータの種類

Vue.jsで使えるデータの種類について
おさらいしておきましょう。

Vue.jsで使えるデータの種類は、数値型、文字列型、ブーリアン型、配列、オブジェクトデータなど、JavaScriptで使えるデータであればすべて使えます。

基本的なデータ

基本的なデータの種類として、数値型、文字列型、ブーリアン型などがあります。Vue.jsもJavaScriptと同じように、入れた値によってデータの型が自動的に決まります。値として、数値を入れると数値型、文字列を入れると文字列型、ブーリアン値を入れるとブーリアン型に自動的に決まります。

▶ いろいろな型のデータを表示する例：datatest1.html

3種類の型のデータを表示してみましょう。ここでは、「myNumber」「myText」「myBool」と、3種類の違う名前で指定しておきます。

HTML

```
<div id="app">
  <p>{{ myNumber }}</p>
  <p>{{ myText }}</p>
  <p>{{ myBool }}</p>
</div>
```

Vueインスタンスの「data:」に「myNumber」「myText」「myBool」を用意して、それぞれ数値型、文字列型、ブーリアン型のデータを設定します。

JS

```
<script>
  new Vue({
```

```
    el: '#app',
    data: {
      myNumber:12345,
      myText:'Hello!!!',
      myBool:true
    }
  })
</script>
```

実行してみましょう。それぞれの値が表示されるのがわかります（図2.7）。

いろいろな型のデータを表示する例

12345

Hello!!!

true

▲図2.7：いろいろな型のデータを表示

▶ JavaScriptの式を使って表示する例：datatest2.html

マスタッシュタグの中は、JavaScriptの式を使って書くこともできます。少しだけデータを修正して表示させたい場合などに使えます。

「myPriceにかけ算をする式」、「myNameに文字を追加する式」、「myNameの先頭の1文字を取り出す式」を指定しておきます。

HTML

```
<div id="app">
  <p>{{ myPrice * 1.08 }}</p>
  <p>{{ "こんにちは、"+ myName + "さん" }}</p>
  <p>{{ myName.substr(0,1) }}</p>
</div>
```

ワンポイント substr

substrは、文字列から一部分を切り出すJavaScriptの命令（メソッド）で、「`文字列.substr(<開始位置>,<切り出す長さ>)`」と指定して使います。

Vueインスタンスの「`data:`」に「`myPrice`」「`myName`」を用意して、それぞれ数値型、文字列型のデータを設定します。

```
JS
<script>
  new Vue({
    el: '#app',
    data: {
      myPrice:500,
      myName:'桃太郎'
    }
  })
</script>
```

実行してみましょう。マスタッシュタグの中のJavaScriptで指定したとおりに、データが処理されて表示されるのがわかります（図2.8）。

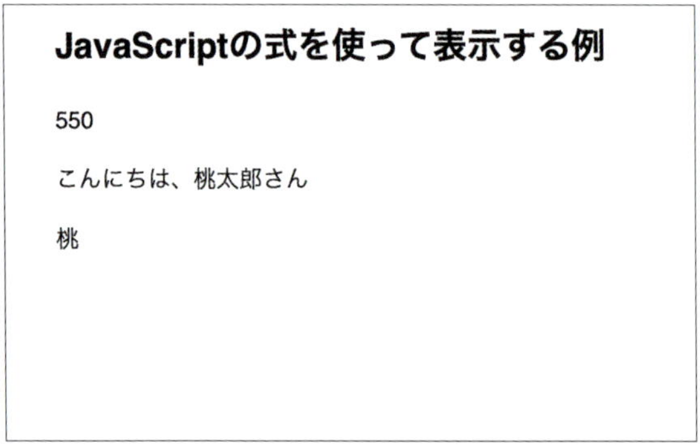

JavaScriptの式を使って表示する例

550

こんにちは、桃太郎さん

桃

▲図2.8：JavaScriptの式を使って表示する

配列

Vue.jsは、配列データも使えます。配列に値を入れておいて、配列まるごとを扱ったり、インデックスを指定して1つずつ取り出すことができます。

書式 配列データを作る

JS

```
new Vue({
  el: "#ID名",
  data:{
    <配列名>:[<値1>, <値2>, <値3>,...]
  }
})
```

書式 配列データを表示する

HTML

```
{{ 配列名 [インデックス] }}
```

▶ 配列の値を表示する例：datatest3.html

配列のデータを表示してみましょう。

「配列全体」と「配列の0番目」を指定しておきます。

HTML

```
<div id="app">
  <p>{{ myArray }}</p>
  <p>{{ myArray[0] }}</p>
</div>
```

Vueインスタンスの「data:」に「myArray」を用意して、角括弧の中にカンマ区切りで値を並べて配列を作ります。

JS

```
<script>
  new Vue({
    el: '#app',
    data: {
      myArray:['ダージリン','アールグレイ','セイロン']
    }
  })
</script>
```

実行してみましょう。「配列全体」と「配列の0番目」が表示されるのがわかります（図2.9）。

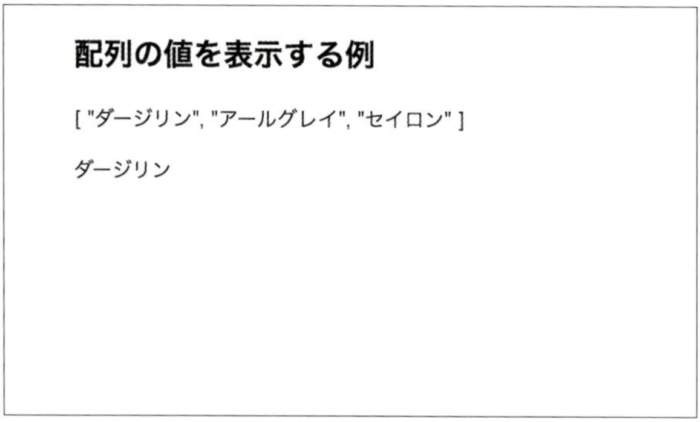

配列の値を表示する例

["ダージリン", "アールグレイ", "セイロン"]

ダージリン

▲図2.9：配列の値を表示する

ワンポイント クォーテーションの扱い

39ページのコードでは、配列の各データをシングルクォーテーションで囲んで用意しましたが、実行時にはJavaScriptは配列に各データを読み込んで扱っていくので、囲んでいた記号は関係なくなります。ですので、出力時にはダブルクォーテーションで囲まれて表示されます。

オブジェクト型

Vue.jsは、オブジェクトデータも使えます。「キーと値のペア」でオブジェクトデータを用意しておいて、「<オブジェクト名>.<キー名>」で指定すると、値を表示できます。

▶ オブジェクトデータを表示する例：datatest4.html

「オブジェクト全体」と、オブジェクトの2つのキーを指定しておきます。

HTML
```
<div id="app">
  <p>{{ myTea }}</p>
  <p>{{ myTea.name }} ¥{{ myTea.price }}</p>
</div>
```

Vueインスタンスの「data:」に「myTea」を用意して、波括弧の中に「キーと値のペア」でオブジェクトデータを作ります。今回は、「name:'ダージリン'」と「price:600」の2つを用意します。

JS

```
<script>
  new Vue({
    el: '#app',
    data: {
      myTea:{name:'ダージリン', price:600}
    }
  })
</script>
```

実行してみましょう。「オブジェクト全体」とnameの値、priceの値が表示されるのがわかります（図2.10）。

オブジェクトデータを表示する例

{ "name": "ダージリン", "price": 600 }

ダージリン ¥600

▲図2.10：オブジェクトデータを表示する

あらかじめ用意したデータを使う

Vueインスタンスも、JavaScriptで動いている1つのインスタンスです。Vueインスタンスを作る以前にJavaScriptで作っていた他のデータを、Vueのデータの中に取り込んで使うこともできます。

▶ JavaScriptで用意したデータを表示する例：datatest5.html

「オブジェクト全体」と、1番目のオブジェクトを2つのキーの値で表示するように指定しておきます。

HTML

```html
<div id="app">
  <p>{{ myTea }}</p>
  <p>{{ myTea[1].name }} ¥{{ myTea[1].price }}</p>
</div>
```

Vueインスタンスを作る前に、通常のJavaScriptでオブジェクトデータ「teaList」を作っておきます。これを「data:」に用意した「myTea」のデータの値として指定します。すると、myTeaの中身にteaListが入ります。

JS

```javascript
<script>
  var teaList = [
        {name:'ダージリン', price:600},
        {name:'アールグレイ', price:500},
        {name:'セイロン', price:500}
      ];

  new Vue({
    el: '#app',
    data: {
      myTea: teaList
    }
  })
</script>
```

実行してみましょう。「オブジェクト全体」と1番目のオブジェクトのnameキーとpriceキーの値が表示されるのがわかります（図2.11）。

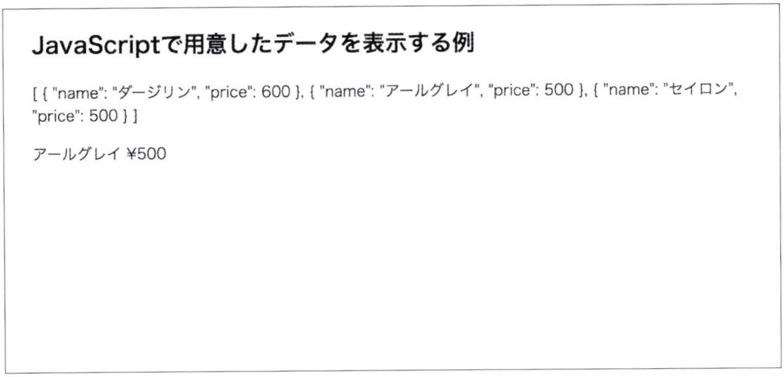

JavaScriptで用意したデータを表示する例

[{ "name": "ダージリン", "price": 600 }, { "name": "アールグレイ", "price": 500 }, { "name": "セイロン", "price": 500 }]

アールグレイ ¥500

▲図2.11：JavaScriptで用意したデータを表示する例

データの中身を確認したいとき

データをたくさん作ったとしても、「data:」の中を見れば、データ一覧がわかるので、Vue.jsはわかりやすい構造になっています。

しかし、本当にデータとして読み込まれているのかどうか確認したいときは「$data」を使います。「$data」は、Vueインスタンスが持っているすべてのデータです。これを、マスタッシュタグで表示すると、読み込んだデータを確認することができます。

▶ オブジェクトデータの中身を確認する例：datatest6.html

「$data」をマスタッシュタグで指定すると、全データが表示されます。

HTML

```
<div id="app">
  {{ $data }}
  <hr>
  <li v-for="(item, key) in $data">{{ key }} : {{ item }}</li>
</div>
```

ここでは、詳しく調べるために、「v-for」を使ってデータを1つずつ表示する方法も用意しました。なお、v-forについてはChapter 6で解説します。

動作を確認するため、Vueインスタンスの「data:」にいろいろなデータを用意しています。

JS
```
<script>
  new Vue({
    el: '#app',
    data: {
      myText:'Hello!!!',
      myNumber: 12345,
      myBool:true,
      myArray:[1,2,3,4,5]
    }
  })
</script>
```

実行してみましょう。全データの表示と、データが1つずつ表示されます（図2.12）。

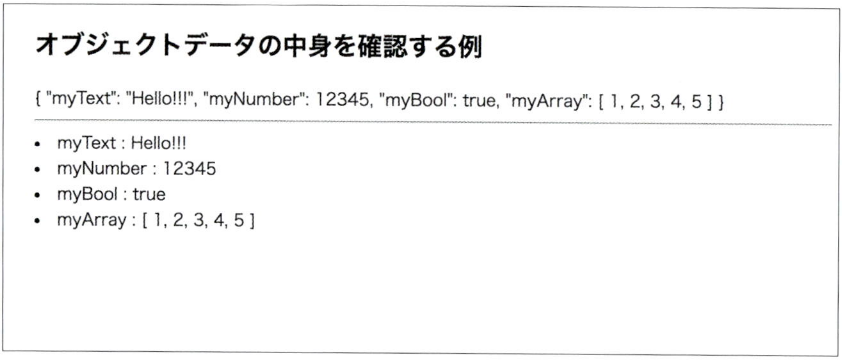

オブジェクトデータの中身を確認する例

{ "myText": "Hello!!!", "myNumber": 12345, "myBool": true, "myArray": [1, 2, 3, 4, 5] }

- myText : Hello!!!
- myNumber : 12345
- myBool : true
- myArray : [1, 2, 3, 4, 5]

▲図2.12：オブジェクトデータの中身を表示する

04 まとめ

図で見てわかるまとめ

用意したデータをそのまま表示させたいときは、**マスタッシュタグ**を使います。データは、Vueインスタンスの「data:」に用意しておきます（図2.13）。

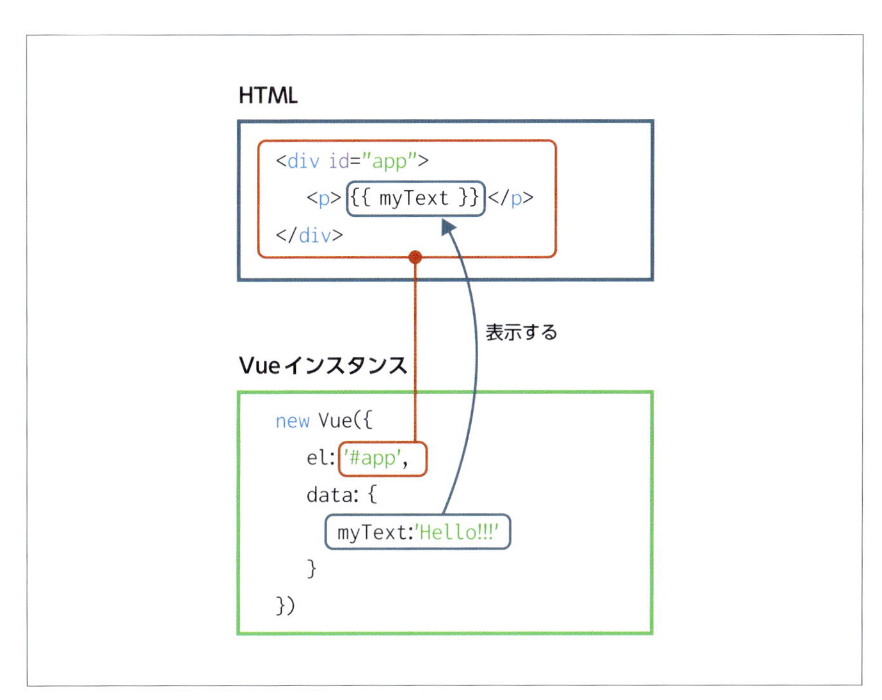

▲図2.13：図で見てわかるまとめ

書き方のおさらい

データをそのまま表示するとき

❶ HTMLで表示させたいところに「{{ プロパティ名 }}」か、「v-text="プロパティ名"」と書きます。

```
{{ myText }}
```

```
<p v-text="myText"></p>
```

❷ Vueインスタンスの「data:」にプロパティを用意し、「表示する値」を入れておきます。

```
data: {
  myText:'Hello!!!'
}
```

データをHTMLで表示するとき

❶ HTMLで表示させたいところに「v-html="プロパティ名"」と書きます。

```
<p v-html="myText"></p>
```

❷ Vueインスタンスの「data:」に、プロパティを用意して「HTML表現の値」を入れておきます。

```
data: {
  myText:'<h1>Hello!!!</h1>'
}
```

いろいろなデータを扱うとき

❶ HTMLで表示させたいところに「{{ プロパティ名 }}」と書きます。

HTML

```
<p>{{ myNumber }}</p>
<p>{{ myText }}</p>
<p>{{ myBool }}</p>
<p>{{ myArray }}</p>
<p>{{ myObject }}</p>
```

❷ Vueインスタンスの「data:」にプロパティを用意し、「値」を入れておきます。データの種類は、数値型、文字列型、ブーリアン型、配列、オブジェクトデータなど、JavaScriptで使えるデータであればすべて使えます。

JS

```
data: {
  myNumber:12345,
  myText:'Hello!!!',
  myBool:true,
  myArray:['ダージリン','アールグレイ','セイロン'],
  myObject:{name:'ダージリン', price:600}
}
```

Chapter 3
属性を指定するとき

01 要素の属性をデータで指定する：v-bind

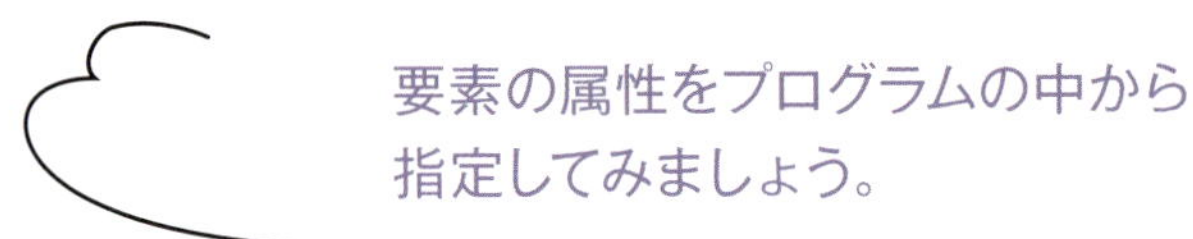

前章で見たように、データを画面上に表示することはできました。データはさらに、「HTML要素の属性として使う」こともできます。それには「**v-bindディレクティブ**」を使います。

要素の属性をデータで指定するときは、v-bind

書式 要素の属性をデータで指定する

```html
<タグ名　v-bind:属性="プロパティ名"></タグ名>
```

「v-bind」を使うと、データでいろいろなHTML要素の属性を指定できます。いろいろな要素での指定方法を紹介していきます。

コラム

v-bindの省略記法

「v-bind」は、よく使われるディレクティブなので省略記法があります。次の例のように、「v-bind:」の代わりに略して「:」と書くことができます。

```html
<a v-bind:href="url">
<a :href="url">
```

画像を指定する

img要素のsrcのファイル名を、「data:」で用意した値で指定できます。

書式 img要素のsrcをデータで指定する

```html
<img v-bind:src="プロパティ名《画像》"></img>
```

▶ 画像を指定する例：bindtest1.html

img要素の画像ファイル名を、「data:」で指定することができます。比較のために普通の指定とv-bindを使った指定の2種類を用意します。

v-bindを使って、img要素のsrcを指定します。「fileName」プロパティには、画像のファイル名が入る予定です。

```html
<div id="app">
  <img src="face1.png">直接指定</img><p>
  <img v-bind:src="fileName">v-bindで指定</img>
</div>
```

Vueインスタンスの「data:」に「fileName」を用意して、値に画像のファイル名を入れます。ここでは「face1.png」という名前のファイルを使うことにして、face1.pngという画像も用意しておきましょう。

```js
<script>
  new Vue({
    el: '#app',
    data: {
      fileName:'face1.png'
    }
  })
</script>
```

実行してみましょう。face1.pngが表示されるのがわかります（図3.1）。

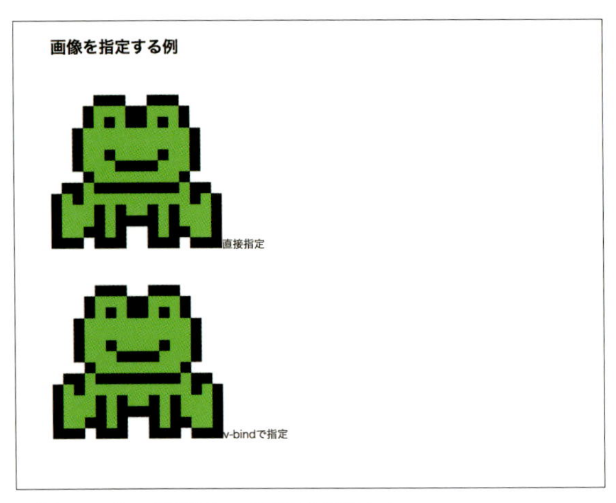

▲図3.1：img要素のsrc画像を指定した

リンク先を指定する

a要素のリンク先を、「data:」で用意したURLで指定することができます。「配列で用意したリンク先を、自動で並べる」といった用途に使えます。

書式 a要素のリンク先をデータで指定する

```html
<a v-bind:href="プロパティ名《リンク先》"></a>
```

▶ リンク先を指定する例：bindtest2.html

a要素のリンク先を、「data:」で指定してみましょう。

比較のために普通の指定とv-bindを使った指定の2種類用意します。

v-bindを使って、a要素のhrefを指定します。「myURL」プロパティには、リンク先のURLが入る予定です。

```html
<div id="app">
  <a href="https://www.ymori.com">リンクを直接指定</a><p>
  <a v-bind:href="myURL">リンクをv-bindで指定</a>
</div>
```

次にVueインスタンスの「data:」に「myURL」を用意して、値にURLを入れます。たとえば、「https://www.ymori.com」を指定しておきます。

JS

```
<script>
  new Vue({
    el: '#app',
    data: {
      myURL:'https://www.ymori.com'
    }
  })
</script>
```

実行してみましょう。クリックするとリンク先にジャンプするのがわかります（図3.2❶❷）。

▲図3.2：リンク先を指定する

右寄せ、左寄せ、中央寄せなどを指定する

ブロック要素やセル要素のalignを、「data:」の値で指定することができます。h1要素、p要素、div要素などで使えます。

書式 ブロック要素のalignをデータで指定する

HTML

```
<p v-bind:align="プロパティ名"></p>
```

▶ alignを指定する例：bindtest3.html

p要素のalignを「data:」で指定してみましょう。

比較のために普通の指定とv-bindを使った指定の2種類用意します。

v-bindを使って、p要素の、alignを指定します。「myAlign」プロパティには、右寄せの指定が入る予定です。

HTML
```html
<div id="app">
  <p align="right">右寄せを直接指定</p>
  <p v-bind:align="myAlign">右寄せをv-bindで指定</p>
</div>
```

Vueインスタンスの「data:」に「myAlign」を用意して、値を入れます。右寄せするので、「'right'」にしておきます。

JS
```js
<script>
  new Vue({
    el: '#app',
    data: {
      myAlign:'right'
    }
  })
</script>
```

実行してみましょう。文字が右寄せで表示されるのがわかります（図3.3）。

alignを指定する例

右寄せを直接指定

右寄せをv-bindで指定

▲図3.3：alignを指定する

インラインスタイルを指定する

インラインスタイルを、「data:」の値で指定することができます。

書式 styleをデータで指定する

```html
<p v-bind:style="プロパティ名"></p>
```

たとえば、色やフォントサイズ、背景色などを指定できます。

書式 colorのスタイルで、色を指定する

```html
<p v-bind:style="{color:プロパティ名}"></p>
```

書式 font-sizeのスタイルで、フォントサイズを指定する

```html
<p v-bind:style="{fontSize:プロパティ名}"></p>
```

書式 background-colorのスタイルで、背景色を指定する

```html
<p v-bind:style="{backgroundColor:プロパティ名}"></p>
```

コラム

ケバブケースとキャメルケースとパスカルケース

インラインスタイルを指定するときに、注意しなければいけないことがあります。たとえば、「font-size」のスタイルは「fontSize」、「background-color」のスタイルは「backgroundColor」と書き方が少し違うのです。これは、命名規則（名前を付けるルール）の違いです。

通常、HTMLやCSSでは、「**ケバブケース**」という書き方で記述します。「**font-size**」「**background-color**」といったように、複数の単語の間を「-（ハイフン）」でつなぐ書き方で、肉を串刺しにしたケバブ料理のように見えるため「ケバブケース」といいます。すべて小文字を使います。

これに対し、JavaScriptでは主に「**キャメルケース**」という書き方で記述します。たとえば「**fontSize**」「**backgroundColor**」といったように、複数の単語の2つ目以降の単語の先頭だけを大文字にします。凸凹の状態が「ラクダのこぶ」のように見えることから、この書き方を「キャメルケース」といいます。

さらに、JavaScriptでもクラス名などには「**パスカルケース**」という書き方で記述します。たとえば、「**FontSize**」「**BackgroundColor**」といったように、複数の単語の1つ目から

単語の先頭は大文字にします。Pascal記法とも呼ばれ、プログラミング言語のパスカルで使われていたことから、この書き方を「パスカルケース」といいます。
　普通のインラインスタイルは、CSSをそのまま書いているので「font-size」などと、ケバブケースで書きますが、v-bindで指定するときは、JavaScriptを使って指定するので「fontSize」などと、キャメルケースで指定するのです。

▶ インラインスタイルを指定する例：bindtest4.html

　文字色とフォントサイズと背景色のインラインスタイルを、「data:」で指定してみましょう。比較のために普通の指定とv-bindを使った指定の2種類ずつを用意します。
　v-bindで指定する「myColor」「mySize」「myBackColor」プロパティには、それぞれの指定が入る予定です。

HTML

```
<div id="app">
  <p style="color: #E80;">文字色を直接指定</p>
  <p v-bind:style="{ color: myColor }">文字色をv-bindで指定</p>
  <hr>
  <p style="font-size: 200%">フォントを直接指定</p>
  <p v-bind:style="{ fontSize: mySize }">フォントをv-bindで指定</p>
  <hr>
  <p style="background-color: aqua;">背景色を直接指定</p>
  <p v-bind:style="{ backgroundColor: myBackColor }">背景色をv-bindで⏎
指定</p>
</div>
```

　Vueインスタンスの「data:」に「myColor」「mySize」「myBackColor」を用意して、それぞれに値を入れます。

JS

```
<script>
  new Vue({
    el: '#app',
    data: {
      myColor:'#E08000',
      mySize:'200%',
      myBackColor:'aqua'
    }
```

```
  })
</script>
```

実行してみましょう。データで指定した文字色とフォントサイズと背景色で表示されるのがわかります（図3.4）。

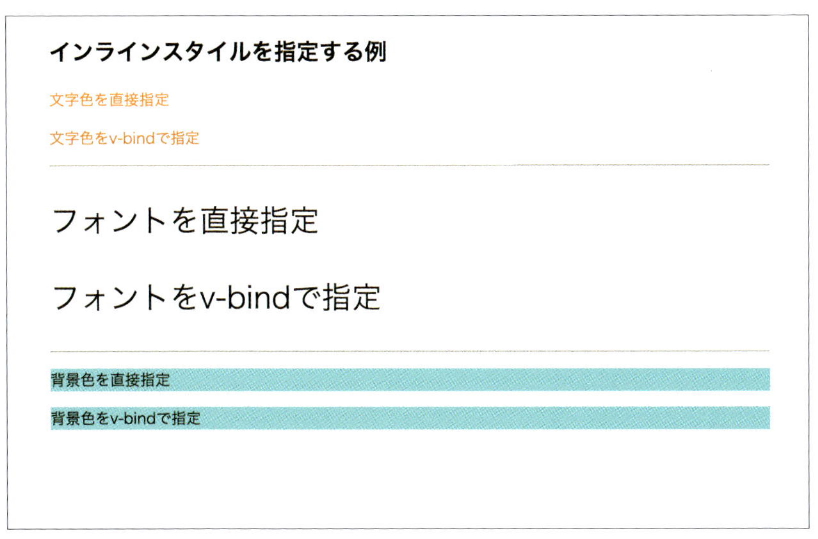

▲図3.4：インラインスタイルを指定する

クラス属性を指定する

クラス属性のクラス名を、「data:」の値で指定することができます。また、あるクラスをつける／つけないの指示を、「data:」のtrue/falseの値で指定することもできます。

書式 classをデータで指定する

```
HTML
<p v-bind:class="プロパティ名《クラス名》"></p>
```

書式 classをデータで複数指定する

```
HTML
<p v-bind:class="[プロパティ名《クラス名》, プロパティ名《クラス名》]"></p>
```

書式 classをつける／つけないをデータで指定する

```html
<p v-bind:class="{'クラス名': プロパティ名《true/false》}"></p>
```

▶ クラスを指定する例：bindtest5.html

打ち消し線と、背景を暗くするクラスを用意して、文字色とフォントサイズと背景色のインラインスタイルを、データで指定してみましょう。

```css
<style>
  .strike-through {
    text-decoration: line-through;
    color:lightgray
  }
  .dark {
    background-color:gray
  }
</style>
```

打ち消し線用のクラスと、背景を暗くするクラスを「strike-through」と「dark」という名前で用意します。

比較のために普通の指定とv-bindを使った指定を用意します。

「v-bind:class="myClass"」と指定すると、myClassに入っているクラスを指定できます。「v-bind:class="[myClass, darkClass]"」と指定すると、myClassとdarkClassに入っている2つのクラスを指定できます。「v-bind:class="{'strike-through': isON}"」と指定すると、isONがtrueのとき、strike-throughのクラスを指定できます。isONがfalseのときは、クラスは指定されません。

```html
<div id="app">
  <p class="strike-through">直接クラスを指定</p>
  <p v-bind:class="myClass">v-bindでクラスを指定</p>
  <p v-bind:class="[myClass, darkClass]">v-bindで複数のクラスを指定</p>
  <p v-bind:class="{'strike-through': isON}">データでクラスをONOFF</p>
</div>
```

Vueインスタンスの「data:」に「myClass」「darkClass」を用意して、それぞれクラス名を入れます。「isON」には、クラスが設定されるようにtrueを入れますが、これをfalseにするとクラスは指定されません。

JS

```
<script>
  new Vue({
    el: '#app',
    data: {
      myClass: 'strike-through',
      darkClass: 'dark',
      isON: true
    }
  })
</script>
```

実行してみましょう。すべてに、strike-throughクラスが反映され、2つのクラスを指定した3つ目はdarkクラスも反映されているのがわかります（図3.5）。

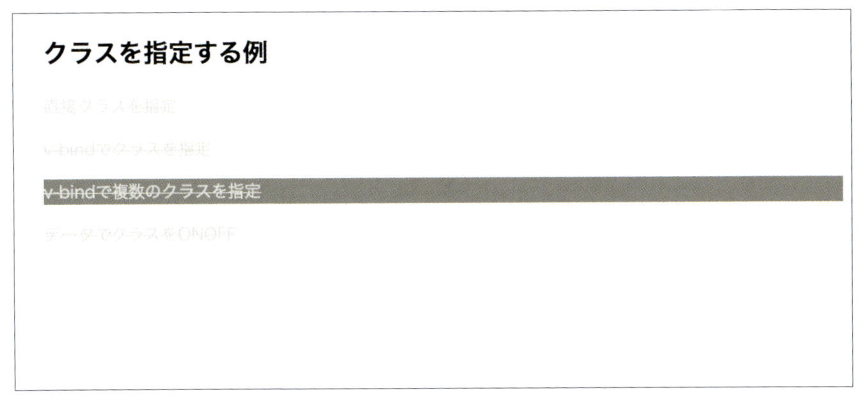

▲図3.5：クラス属性を指定する

02 まとめ

図で見てわかるまとめ

用意したデータでHTMLの属性を指定したいときは、**v-bind**を使います。データは、Vueインスタンスの「data:」に用意しておきます（図3.6）。

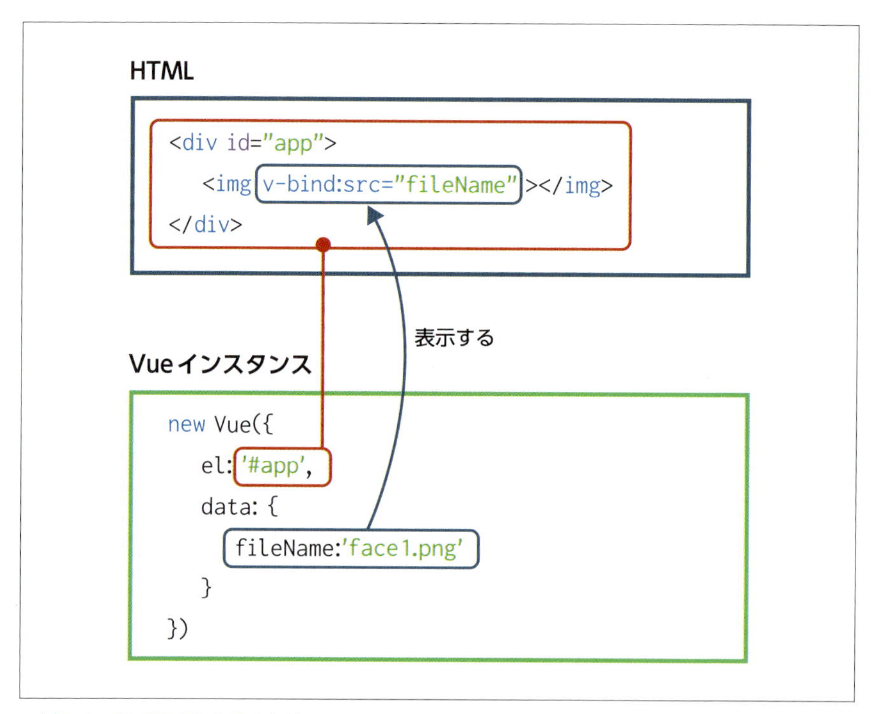

▲図3.6：図で見てわかるまとめ

書き方のおさらい

画像を指定するとき

❶ HTMLのimg要素に、「v-bind:src="プロパティ名"」と書きます。

HTML

```
<img v-bind:src="fileName"></img>
```

❷ Vueインスタンスの「data:」に、プロパティを用意して「画像ファイル名」を入れておきます。

JS

```
data: {
  fileName:'face1.png'
}
```

リンク先を指定するとき

❶ HTMLのa要素に、「v-bind:href="プロパティ名"」と書きます。

HTML

```
<a v-bind:href="myURL"></a>
```

❷ Vueインスタンスの「data:」に、プロパティを用意して「リンク先のURL」を入れておきます。

JS

```
data: {
  myURL:' リンク先のURL '
}
```

右寄せ、左寄せ、中央寄せなどを指定するとき

❶ HTMLのブロック要素やセル要素に「v-bind:align="プロパティ名"」と書きます。

HTML

```
<p v-bind:align="myAlign"></p>
```

❷ Vueインスタンスの「data:」に、プロパティを用意して「右寄せ（right）、左

寄せ（left）、中央寄せ（center）」を入れておきます。

JS

```
data: {
  myAlign:'right'
}
```

Chapter 4

ユーザーの入力をつなぐとき

01 入力フォームをデータとつなぐ：v-model

ブラウザへのユーザー入力を取り込んで活用する方法を学びましょう。

これまで「Vueインスタンスのデータを、即Webページ上に表示させる方法」について見てきましたが、次は「ユーザーからの入力を、即Vueインスタンスのデータに入力する方法」について見ていきましょう。

まずは、フォーム入力とデータをつなげる方法です。「**v-modelディレクティブ**」を使います。「Vueインスタンスのデータが Webページ上に表示され、Webページ上から入力された値がVueインスタンスのデータに反映される」ので、**双方向データバインディング**といいます。

フォーム入力とデータをつなげるときは、v-model

v-modelディレクティブは、input要素、select要素、textarea要素などに使います。

書式 フォーム入力とデータをつなげる

```html
<タグ名 v-model="プロパティ名">
```

テキスト：input

input要素のテキストをVueインスタンスのデータとつなぐことができます。テキストを入力している最中にもデータは更新されます。

書式 input要素のテキストをVueインスタンスのデータとつなぐ

HTML
```
<input v-model="プロパティ名">
```

▶ 入力した文字列を表示する例：modeltest1.html

ユーザーが入力している名前をそのまま表示してみましょう。

input要素に「v-model="myName"」と指定すると、入力された文字列が「myName」に入るようになります。それをすぐ下に「{{ myName }}」と書いて表示させてみます。

HTML
```
<div id="app">
  <input v-model="myName" placeholder="お名前">
  <p>私は、{{ myName }} です。</p>
</div>
```

Vueインスタンスでは、「data:」に「myName」を用意して、値を空にしておきます。

JS
```
<script>
  new Vue({
    el: '#app',
    data: {
      myName:''
    }
  })
</script>
```

実行してみましょう。テキストを入力すると、すぐ下に表示されるのがわかります（図4.1❶❷）。

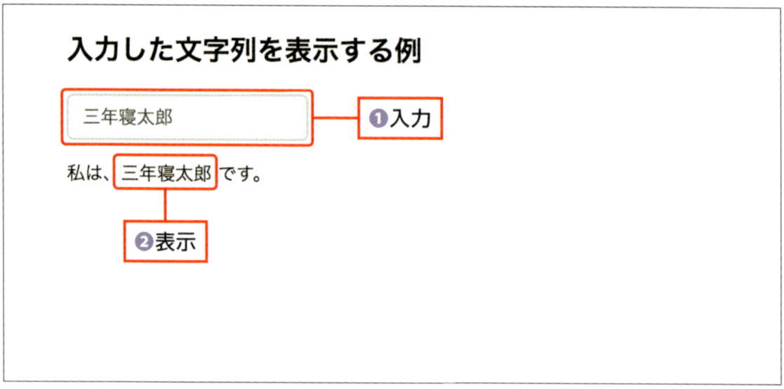

入力した文字列を表示する例

三年寝太郎 ❶入力

私は、三年寝太郎です。

❷表示

▲図4.1：入力した文字列を表示する

複数行テキスト：textarea

textarea要素の複数行のテキストをVueインスタンスのデータとつなぐことができます。

テキストエリアを入力している最中にもデータは更新されていきます。

書式 textarea要素のテキストをVueインスタンスのデータとつなぐ

```html
<textarea v-model="プロパティ名"></textarea>
```

▶ 入力した文章と文字数を表示する例：modeltest2.html

ユーザーが入力している文章と、その文字数を表示してみましょう。

textarea要素に「v-model="myText"」と指定すると、入力された文字列が「myText」に入るようになります。それをすぐ下に「{{ myText }}」を書いて表示します。同時に、その文字数も「{{ myText.length }}」と書いて表示させます。

```html
<div id="app">
  <textarea v-model="myText"></textarea>
  <p>文章は、「{{ myText }}」</p>
  <p>文字数は、{{ myText.length }} 文字です。</p>
</div>
```

Vueインスタンスでは、「data:」に「myName」を用意して、値に「今日は、いい天気です。」と入れておきます。

JS

```
<script>
  new Vue({
    el: '#app',
    data: {
      myText:'今日は、いい天気です。'
    }
  })
</script>
```


実行してみましょう。テキストを入力すると、すぐ下に表示され、文字数も表示されるのがわかります（図4.2❶❷）。

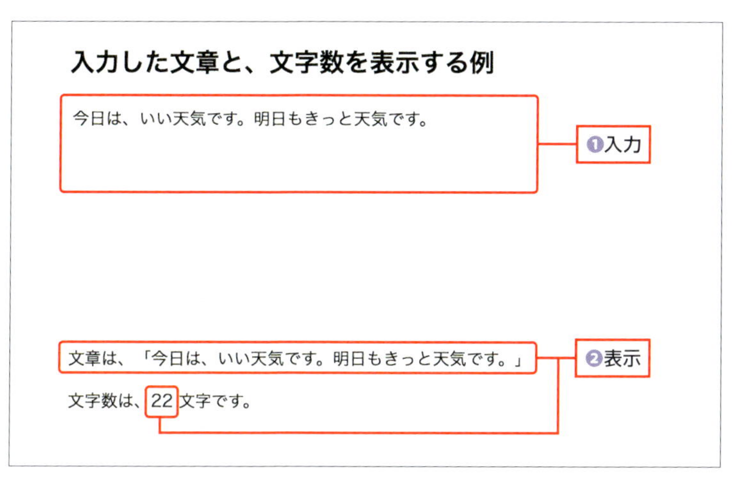

▲図4.2：入力した文章と文字数を表示する

チェックボックス：input checkbox

input要素のチェックボックスの値をVueインスタンスのデータとつなぐことができます。値はtrue/falseのブーリアン値です。「1つのチェックボックスの値をデータとつなぐ」ことも、「複数のチェックボックスの値をデータとつなぐ」こともできます。

書式　チェックボックスの値をVueのデータとつなぐ

```html
<input type="checkbox" v-model="プロパティ名">
```

▶ チェックボックスのON/OFFを調べる例：modeltest3.html

1つのチェックボックスのON/OFFの状態を表示してみましょう。

チェックボックスに「v-model="myCheck"」と指定すると、ON/OFFの状態が値で「myCheck」に入るようになります。すぐ下に「{{ myCheck }}」と書いて表示させます。

```html
<div id="app">
  <label><input type="checkbox" v-model="myCheck">
  チェックボックスは、{{ myCheck }}</label>
</div>
```

Vueインスタンスの「data:」に「myCheck」を用意して、値をfalseにしておきます。

```js
<script>
  new Vue({
    el: '#app',
    data: {
      myCheck: false
    }
  })
</script>
```

実行してみましょう。チェックボックスをON/OFFすると、その状態が表示されるのがわかります（図4.3❶❷）。

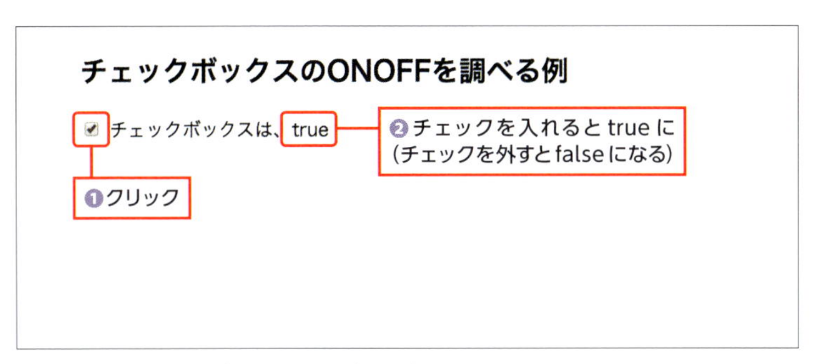

▲図4.3：チェックボックスのON/OFFを調べる

▶ 複数のチェックボックスのONを配列にする例：modeltest4.html

複数のチェックボックスを、まとめて扱うこともできます。複数のチェックボックスのv-modelに「同じプロパティ名を指定」することで、1つのグループとしてまとめて扱うことができるのです。データは配列になります。このとき、「value」にそれぞれ違う値を指定するのがポイントです。この値でチェックボックスの区別を行うのです。

書式 複数のチェックボックスの値をVueインスタンスのデータとつなぐ

```html
<input type="checkbox" value="値1" v-model="同じプロパティ名">
<input type="checkbox" value="値2" v-model="同じプロパティ名">
<input type="checkbox" value="値3" v-model="同じプロパティ名">
```

複数のチェックボックスに「v-model="myChecks"」と同じプロパティ名で指定すると、1つのグループとしてまとまります。それぞれの「value」に違う値を設定して区別すれば、myChecksにはONの状態の名前だけが入ることになります。すぐ下に「{{ myChecks }}」と書いて表示させます。

```html
<div id="app">
  <label><input type="checkbox" value="red" v-model="myChecks">
    赤</label><br>
  <label><input type="checkbox" value="green" v-model="myChecks">
    緑</label><br>
  <label><input type="checkbox" value="blue" v-model="myChecks">
    青</label><br>
  選択したのは、{{ myChecks }}
```

```
</div>
```

Vueインスタンスの「data:」に「myChecks」を用意して、値を空の配列にしておきます。

```
<script>
  new Vue({
    el: '#app',
    data: {
      myChecks:[]
    }
  })
</script>
```

実行してみましょう。それぞれのチェックボックスをON/OFFすると、チェックしている値が表示されるのがわかります（図4.4❶❷）。

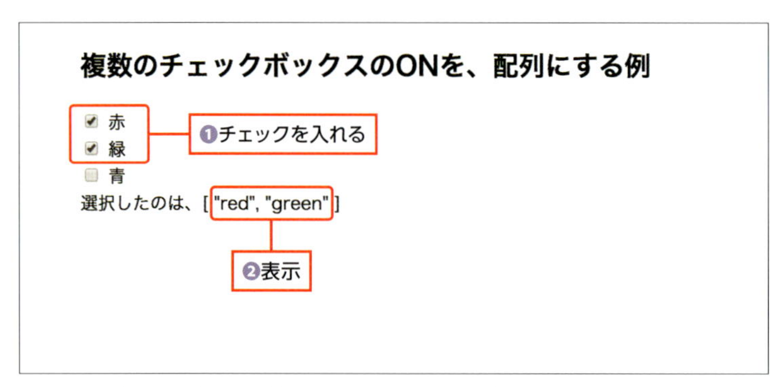

▲図4.4：複数のチェックボックスのONを配列にする

▶ 同意にチェックを入れたら送信ボタンが有効になる例：modeltest5.html

チェックボックスの状態を使って、別のボタンの有効／無効を切り換える仕組みを作ってみましょう。

ボタンタグ（button）でdisabledを指定すると、有効／無効を切り換えることができます（trueのときは無効、falseのときは有効）。

書式 ボタンの有効／無効をデータで指定する

```html
<button v-bind:disabled="プロパティ名《true/false》"></button>
```

「v-bind:disabled=<値>」に「チェックボックスのON/OFFでtrue/falseに切り換わるプロパティ」を指定すると、チェックボックスのON/OFFでボタンの有効／無効を切り換える仕組みを作ることができるというわけです。

「同意します。」のチェックボックスに「v-model="myAgree"」と指定すると、ON/OFFの状態が値で「myAgree」に入ります。これをボタンに使います。「v-bind:disabled = "myAgree==false"」と指定すると、同意しないときはdisabled（無効）になり、ボタンは押せません。同意するとdisabled（無効）は解除されて、ボタンが押せるようになります。

```html
<div id="app">
  <label><input type="checkbox" v-model="myAgree" >
  同意します。</label>
  <button v-bind:disabled="myAgree==false">送信</button>
</div>
```

Vueインスタンスの「data:」に「myAgree」を用意して、値をfalseにしておきます。

```js
<script>
  new Vue({
    el: "#app",
    data: {
      myAgree: false
    }
  })
</script>
```

実行してみましょう。同意のチェックボックスがOFFのときはボタンが押せませんが、同意のチェックボックスをONにするとボタンが押せるようになります（図4.5）。

同意にチェックを入れたら送信ボタンが有効になる例

同意します。

送信

❷ボタンを押せない

❶チェックを外す

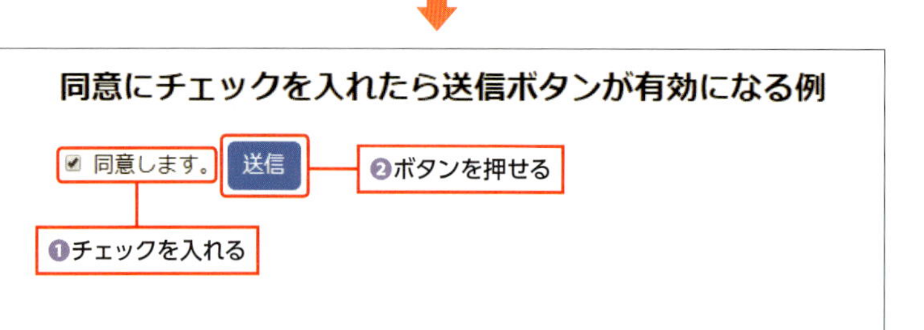

▲図4.5：「同意します。」にチェックを入れたら「送信」ボタンが有効になる

ワンポイント 論理演算子

「myAgree==false」は「myAgreeが、falseのときはtrue、trueのときはfalse」という意味ですが、これは「myAgreeの値（true/false）を逆にしたもの」と考えることもできます。演算子には、値を逆にする「!」（論理NOT、論理否定）」があり、これを使うと同じ結果になります。「myAgree==false」を「!myAgree」と書き換えても同じように動きます。

```
<button v-bind:disabled="!myAgree">送信</button>
```

ラジオボタン：input radio

input要素のラジオボタンの値をVueインスタンスのデータとつなぐことができます。選択肢の中から選択された値が入ります。

書き方は複数のチェックボックスに似ていて、「v-modelに同じプロパティ名を指定」することで、1つのグループとしてまとめることができます。このとき「どれが選ばれたのか」を区別するため「value」でそれぞれ違う値を設定しておきます。

書式 ラジオボタンをVueインスタンスのデータとつなぐ

HTML
```
<input type="radio" value="値1" v-model="同じプロパティ名">
<input type="radio" value="値2" v-model="同じプロパティ名">
<input type="radio" value="値3" v-model="同じプロパティ名">
```

▶ 選択したラジオボタンを表示する例：modeltest6.html

選択したラジオボタンの値を表示してみましょう。

複数のラジオボタンに「v-model="picked"」と同じプロパティ名で指定すると、1つのグループとしてまとまります。それぞれの「value」に違う値を設定して区別すると、pickedには選択した名前が入ります。すぐ下に「{{ picked }}」と書いて表示させます。

HTML
```
<div id="app">
  <label><input type="radio" value="red" v-model="picked">
    赤</label><br>
  <label><input type="radio" value="green" v-model="picked">
    緑</label><br>
  <label><input type="radio" value="blue" v-model="picked">
    青</label><p>
  {{ picked }} を選択
</div>
```

Vueインスタンスの「data:」に、データを入れる「picked」を用意して、値を「red」にすると、ラジオボタンで赤が選択された状態から始まります。

JS
```
<script>
  new Vue({
    el: '#app',
    data: {
      picked: 'red'
    }
  })
</script>
```

実行してみましょう。ラジオボタンを選択すると、その値が表示されるのがわかります（図4.6❶❷）。

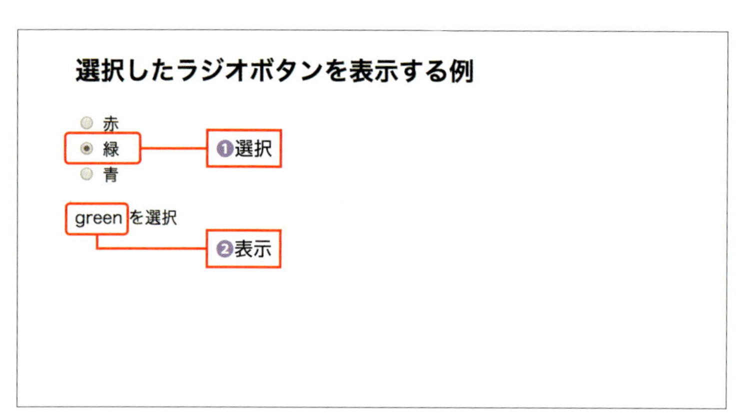

▲図4.6：選択したラジオボタンを表示する

▶ 画像の表示をラジオボタンで切り換える例：modeltest7.html

画像の表示を、ラジオボタンで切り換えてみましょう。

複数のラジオボタンに「v-model="fileName"」と同じプロパティ名で指定すると、1つのグループとしてまとまります。それぞれの「value」にファイル名を値として設定します。この「fileName」をimg要素に指定しましょう。「v-bind:src="fileName"」と指定しておくと、ラジオボタンを選択するとその画像がすぐ表示されるようになります。

HTML

```
<div id="app">
  <label><input type="radio" value="face1.png" v-model="fileName">
    face1</label><br>
  <label><input type="radio" value="face2.png" v-model="fileName">
    face2</label><br>
  <p>{{ fileName }} を選択<p>
  <img v-bind:src="fileName"></img>
</div>
```

Vueインスタンスの「data:」に、データを入れる「fileName」を用意して、値を空にしておきます。

```
<script>
  new Vue({
    el: '#app',
    data: {
      fileName: ''
    }
  })
</script>
```


実行してみましょう。ラジオボタンを選択すると、選択した画像が表示されます（図4.7❶❷）。

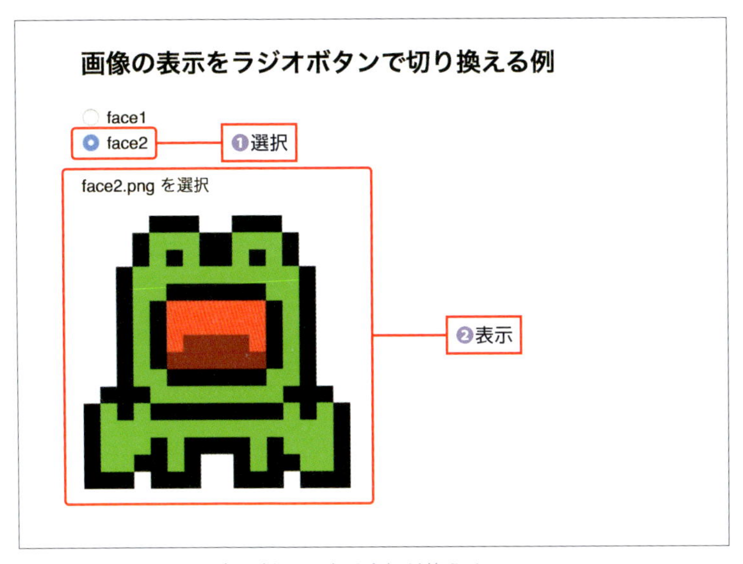

▲図4.7：選択したラジオボタンで表示を切り換える

選択：select

select要素の値をVueインスタンスのデータとつなぐことができます。選択した1つの値だけをVueインスタンスのデータとつなぎます。

書式 単体選択の値をVueインスタンスのデータとつなぐ

HTML
```
<select v-model="プロパティ名">
  <option disabled value="">非選択時</option>
  <option>選択肢1</option>
  <option>選択肢2</option>
  <option>選択肢3</option>
</select>
```


複数選択した値をVueインスタンスの配列データとつなぐことができます。主な違いは、selectタグに「multiple」とついていることです。

書式 複数選択の値をVueインスタンスのデータとつなぐ

HTML
```
<select v-model="プロパティ名"  multiple>
  <option disabled value="">非選択時</option>
  <option>選択肢1</option>
  <option>選択肢2</option>
  <option>選択肢3</option>
</select>
```

▶ 文字列が選択した色に変わる例：modeltest8.html

select要素で選んだ色で文字を表示してみましょう。

select要素に「v-model="myColor"」と指定し、「<option>」で選択肢を用意します。選択していない状態を「<option disabled value="">」と用意しておきます。すぐ下に「v-bind:style="{color: myColor}"」と指定して、選択した色で文字を表示させます。

HTML
```
<div id="app">
  <select v-model="myColor">
    <option disabled value="">色を選んでください</option>
    <option>red</option>
    <option>green</option>
    <option>blue</option>
    <option>orange</option>
    <option>brown</option>
  </select>
  <p v-bind:style="{color: myColor}">選んだのは、{{ myColor }}です </p>
```

```
</div>
```

Vueインスタンスの「data:」に、データを入れる「myColor」を用意して、値を空にしておきます。

JS

```
<script>
  new Vue({
    el: '#app',
    data: {
      myColor: ''
    }
  })
</script>
```

実行してみましょう。選択肢から1つ選ぶと、選択した色で文字が表示されるのがわかります（図4.8❶❷）。

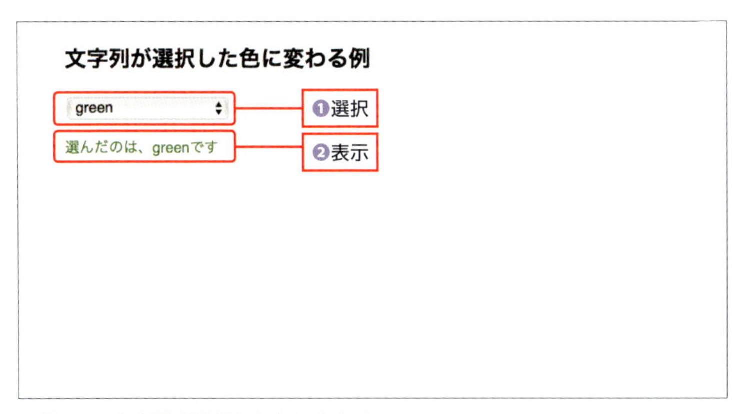

▲図4.8：文字列が選択した色に変わる

▶ 複数の選択を配列にする例：modeltest9.html

今度は、複数選択を可能にして、選択した文字の配列を表示してみましょう。

select要素に「v-model="myColor"」と指定し、「<option>」で選択肢を用意します。

幅を広く表示させるためselectタグに「style="width: 150px"」と設定しておき

ます。「{{ myColor }}」のところに選択した文字が入った配列のデータが表示されます。

HTML

```
<div id="app">
  <select v-model="myColor" multiple style="width:150px">
    <option>red</option>
    <option>green</option>
    <option>blue</option>
    <option>orange</option>
    <option>brown</option>
  </select>
  <p>選択したのは {{ myColor }} です</p>
</div>
```


Vueインスタンスの「data:」に「myColor」を用意して、値を空の配列にしておきます。

JS

```
<script>
  new Vue({
    el: '#app',
    data: {
      myColor: []
    }
  })
</script>
```

実行してみましょう。複数選択すると、選択した文字が配列のデータになるのがわかります（図4.9❶❷）。

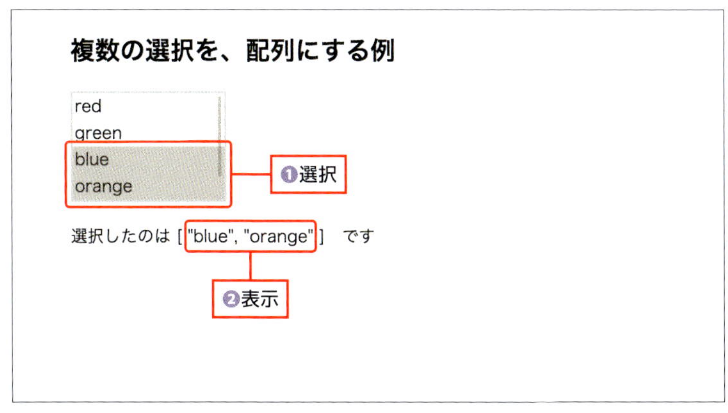

▲図4.9：複数の選択を配列にする

修飾子

v-modelに**修飾子**をつけると、いくつかの機能を指定することができます。

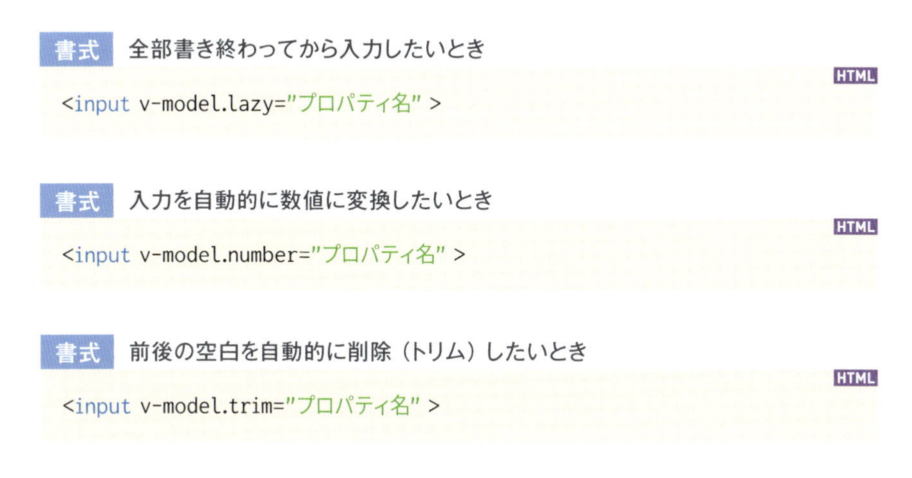

書式 全部書き終わってから入力したいとき

```html
<input v-model.lazy="プロパティ名" >
```

書式 入力を自動的に数値に変換したいとき

```html
<input v-model.number="プロパティ名" >
```

書式 前後の空白を自動的に削除（トリム）したいとき

```html
<input v-model.trim="プロパティ名" >
```

▶ 全部書き終わってから入力する例：modeltest10.html

入力したあと、[Enter] キーを押すか、フォーカスが別のところに移動したとき、初めて表示するようにしてみましょう。

input要素に「v-model.lazy="myText"」と指定すると、「myText」に入力した文字列が入ります。

```html
<div id="app">
  <input v-model.lazy="myText">
  <p>入力後に表示「{{ myText }}」</p>
</div>
```

Vueインスタンスの「data:」に「myText」を用意して、値を空にしておきます。

```js
<script>
  new Vue({
    el: '#app',
    data: {
      myText:''
    }
  })
</script>
```

実行してみましょう。入力したあと、[Enter]キーを押すか、フォーカスが別のところに移動したときに初めて表示が変わります(図4.10❶❷)。

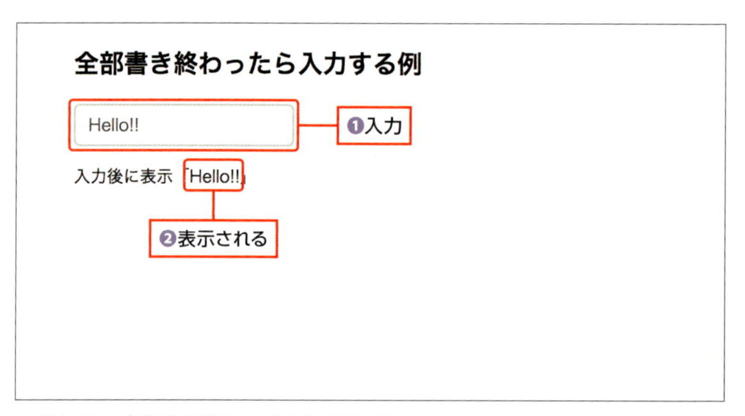

▲図4.10：全部書き終わってから表示する

▶ 入力を自動的に数値に変換する例：modeltest11.html

入力された値を自動的に数値に変換してみましょう。

input要素に「v-model.number="myNumber"」と指定すると、「myNumber」に数

値が入ります。数字の文字列でなく数値であることを確認できるように100を足します。

HTML

```
<div id="app">
  <input v-model.number="myNumber" type="number">
  <p>100を足して表示「{{ 100 + myNumber }}」</p>
</div>
```

Vueインスタンスの「data:」に「myNumber」を用意して、値を0にしておきます。

JS

```
<script>
  new Vue({
    el: '#app',
    data: {
      myNumber:0,
    }
  })
</script>
```

実行してみましょう。値を変えるとその値に100を足した値が表示されます（図4.11❶❷）。

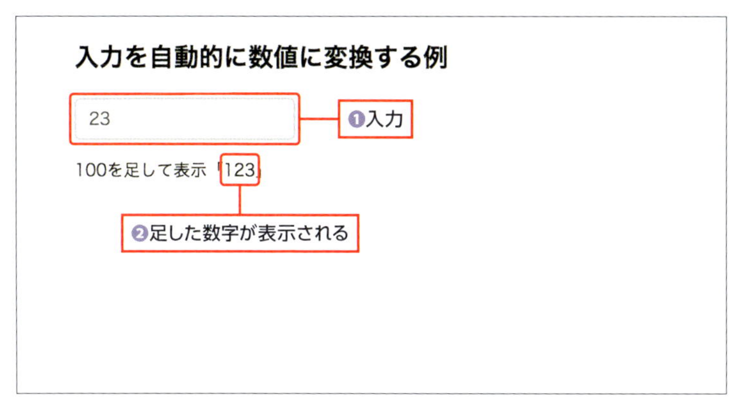

▲図4.11：入力を自動的に数値に変換する

▶ 入力を自動的に数値に変換しない例：modeltest11b.html

しかし、もし「v-model.number」を「v-model」にすると、数値の100が足されるのではなく、「100」という文字に追加されて表示されてしまいます（図4.12❶❷）。

```html
<input v-model="myNumber" type="number">
```

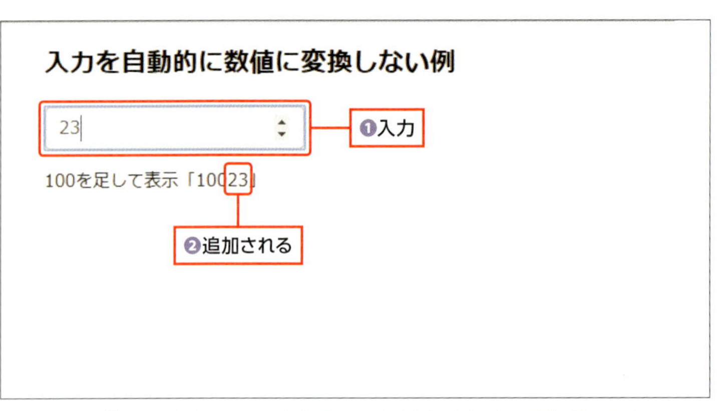

▲図4.12：「v-model.number」を「v-model」に変えると動作が変わる

▶ 前後の空白を自動的に削除（トリム）する例：modeltest12.html

入力された文字の前後の空白を自動的に削除してみましょう。

input要素に「v-model.trim="myText"」と指定すると、「myText」に前後の空白が削除された文字列が入ります。

```html
<div id="app">
  <input v-model.trim="myText">
  <p>前後の空白を削除「{{ myText }}」</p>
</div>
```

Vueインスタンスの「data:」に「myText」を用意して、値を空にしておきます。

```
<script>
  new Vue({
    el: '#app',
    data: {
      myText:''
    }
  })
</script>
```

実行してみましょう。前後に空白を入れてもその空白は削除された状態で表示されます（図4.13❶❷）。

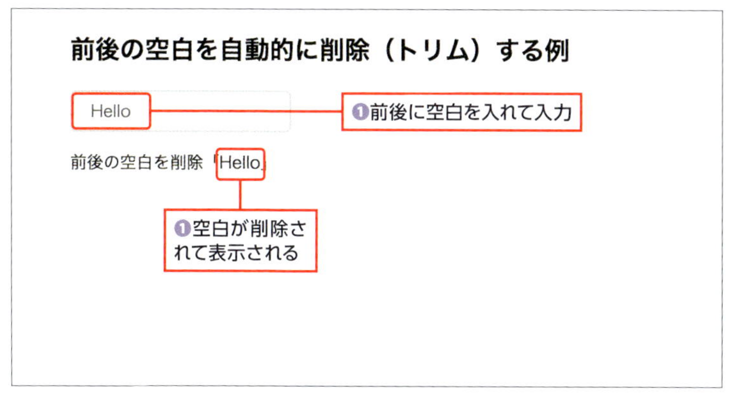

▲図4.13：前後の空白を自動的に削除（トリム）する

▶ 前後の空白を自動的に削除（トリム）しない例：modeltest12b.html

ここで、もし「v-model.trim」を「v-model」にすると、前後の空白が入力された状態で表示されます（図4.14）。

```
<input v-model="myText">
```

前後の空白を自動的に削除（トリム）しない例

Hello

前後の空白を削除しない「 Hello 」

▲図4.14：「v-model.trim」を「v-model」に変えると動作が変わる

02 まとめ

第4章をおさらいしてみましょう。

図で見てわかるまとめ

ユーザーの入力した値をデータとして取り込みたいときは、v-modelを使います。

データを入れるプロパティは、Vueインスタンスの「data:」に用意しておきます。このとき、そのデータをマスタッシュタグで表示しておけば、ユーザーが入力するとリアルタイムで表示が変わります（図4.15）。

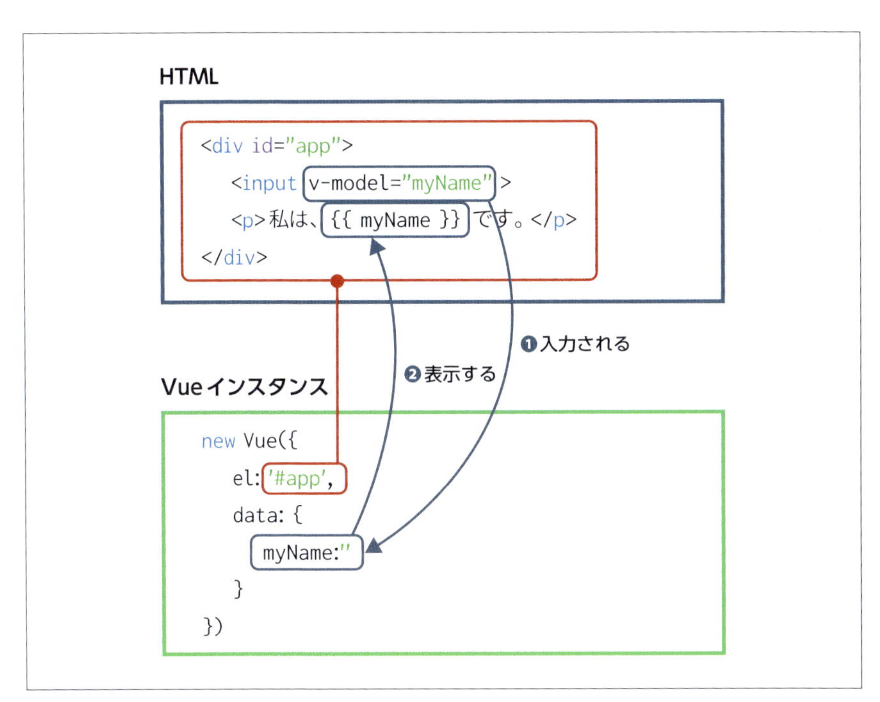

▲図4.15：図で見てわかるまとめ

書き方のおさらい

テキストを入力するとき

❶ HTMLのinput要素に、「v-model="プロパティ名"」と指定します。

```html
<input v-model="myName">
```

❷ Vueインスタンスの「data:」に、データを入れるプロパティを用意しておきます。

```js
data: {
  myName:''
}
```


複数行テキストを入力するとき

❶ HTMLのtextarea要素に、「v-model="プロパティ名"」と指定します。

```html
<textarea v-model="myText"></textarea>
```

❷ Vueインスタンスの「data:」に、データを入れるプロパティを用意しておきます。

```js
data: {
  myText:''
}
```

チェックボックスの値を入力するとき

❶ HTMLのinput要素のチェックボックスに、「v-model="プロパティ名"」と指定します。

```html
<input type="checkbox" v-model="myCheck">
```

❷ Vueインスタンスの「data:」に、データを入れるプロパティを用意しておきます。

JS

```
data: {
  myCheck: false
}
```

ラジオボタンの値を入力するとき

❶ HTMLの複数のinput要素のラジオボタンに、「v-model="プロパティ名"」と指定します。

HTML

```
<input type="radio" value="red" v-model="picked">
<input type="radio" value="green" v-model="picked">
<input type="radio" value="blue" v-model="picked">
```

❷ Vueインスタンスの「data:」に、データを入れるプロパティを用意しておきます。

JS

```
data: {
  picked: 'red'
}
```

selectの値を入力するとき

❶ HTMLの複数のselect要素に、「v-model="プロパティ名"」と指定して、optionで値を並べます。

HTML

```
<select v-model="myColor">
  <option>red</option>
  <option>green</option>
  <option>blue</option>
</select>
```

❷ Vueインスタンスの「data:」に、データを入れるプロパティを用意しておきます。

```js
data: {
  myColor: ''
}
```

Chapter 5

ユーザーの操作をつなぐとき

01 イベントとつなぐ：v-on

ユーザーのイベントを見つけて
メソッドで処理する方法を学びましょう。

ブラウザの入力フォーム（Chapter 4）以外に、ユーザーからの入力をVueに反映させる方法のひとつが、「**v-onディレクティブ**」です。

v-onディレクティブは、ユーザーがボタンをクリックしたり、キーボードからキー入力するような「**イベント**」が起こったとき、Vueのメソッド（命令）を実行させる**イベントハンドラ**です。

イベントとメソッドをつなぐときは、v-on

ボタンをクリックしたときや、キー入力をしたときなどに使います。

書式 イベントとメソッドをつなぐ

```html
<タグ名　v-on:イベント="メソッド名">
```

メソッドの作り方

メソッド（命令文）は、Vueインスタンスにmethodsオプションを追加して作ります。

elオプションでは、「どのHTML要素とつながるのか」、**dataオプション**では、「どんなデータがあるのか」を指定して、**methodsオプション**では、「どんな命令があるのか」を指定します。

メソッドは、「methods : { メソッド部分 }」に、「<メソッド名>: function() { 処理内容 }」の書式で追加していきます。もし、メソッドが複数ある場合は、カンマ区切りで並べることができます。

書式 メソッドを作る

JS

```
new Vue({
  el: "#ID名",
  data:{
    プロパティ名：値,
    プロパティ名：値
  },
  methods: {
    メソッド名: function() {
      処理内容
    },
    メソッド名: function() {
      処理内容
    }
  }
})
```

ワンポイント v-onの省略記法

「v-on」はよく使われるディレクティブなので省略記法があります。「v-on:」の代わりに「@」として省略できます。たとえば、

HTML

```
<a v-on:click="doSomething">
```

は、

HTML

```
<a @click="doSomething">
```

と省略して書くことができます。

ボタンをクリックしたとき

「ボタンをクリックしたとき、Vueインスタンスのメソッドを実行する」という処理を作ることができます。

書式 ボタンのクリックをVueインスタンスのメソッドとつなぐ

```html
<button v-on:click="メソッド名">
```

▶ クリックしたら、1増やす例：ontest1.html

クリックしたら、値を1増やすボタンを作ってみましょう。Chapter 1で最初に入力したプログラムを使うことにします。

まず、「{{ count }}」と書いて数値を表示させます。ボタンをクリックしたとき「countUp」メソッドを実行するので、button要素に「v-on:click="countUp"」と指定します。countUpメソッドでは、countの値を1ずつ足すので、ボタンをクリックするたびに値が1ずつ増えていきます。

```html
<div id="app">
  <p>{{ count }}</p>
  <button v-on:click="countUp">1増やす</button>
</div>
```

Vueインスタンスの「data:」に、「count」というプロパティを用意して、値を0にしておきます。

「methods:」では、「countUp」というメソッドを用意して、「count」プロパティを1増やす処理を記述します。このとき重要なのが、頭に「this.」をつけるということです。「this.count」と指定することでメソッド内からプロパティを扱うことができるようになります。

```js
<script>
  new Vue({
    el: '#app',
    data: {
      count:0
    },
    methods: {
      countUp: function() {
        this.count++;
      }
    }
```

```
  })
</script>
```

実行してみましょう。クリックするたびに、値が1ずつ増えていくのがわかります（図5.1❶❷）。

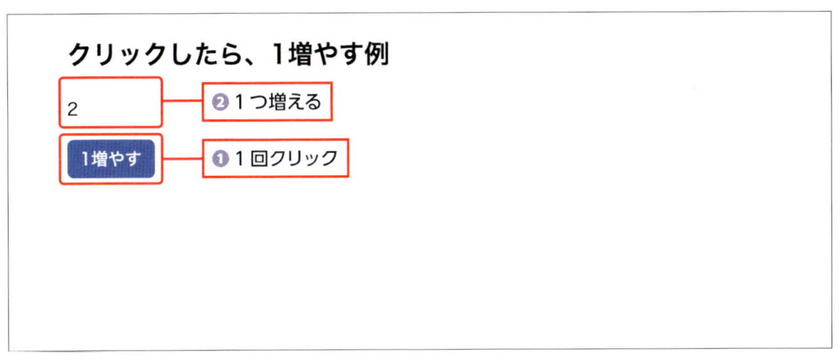

▲図5.1：クリックしたら、1増える

▶ クリックしたら、2回目は押せなくなる「いいね」ボタンの例：ontest2.html

メソッドを実行すると、ボタンの状態を無効にするボタンを作ってみましょう。

ボタンに、Chapter 4で使った「v-bind:disabled="プロパティ名"」を使って、「isClick」がtrueになるとボタンが無効になる機能をつけます。また、「v-on:click="oneClick"」でクリックしたら「oneClick」メソッドを実行します。

HTML

```
<div id="app">
  <button value="いいね" v-bind:disabled="isClick"
    v-on:click="oneClick">いいね</button>
</div>
```

JavaScriptでメソッドを作って、Vueインスタンスから呼び出すので、script要素は次のようになります。

JS

```
<script>
  function iine() {
    alert("いいね");
  }
  new Vue({
    el: '#app',
    data: {
      isClick: false
    },
    methods: {
      oneClick: function() {
        this.isClick = true;
        iine();
      }
    }
  })
</script>
```


まず、「いいね」ボタンをクリックしたときに実行する「iine()」を用意しておきます。

次に、Vueインスタンスの「data:」に「isClick」というプロパティを用意して、値をfalseにしておきます。

「methods:」に「oneClick」というメソッドを用意して、実行されたら「this.isClick」をtrueに変更します。これでボタンは無効になります。そして「iine()」を実行します。

実行してみましょう。画面の「いいね」ボタンを1回クリックすると「いいね」とダイアログが表示されます（図5.2❶❷）。その後、ダイアログの「閉じる」をクリックして元の画面に戻ると、元の画面の「いいね」ボタンが無効になって押せなくなることがわかります（図5.3）。

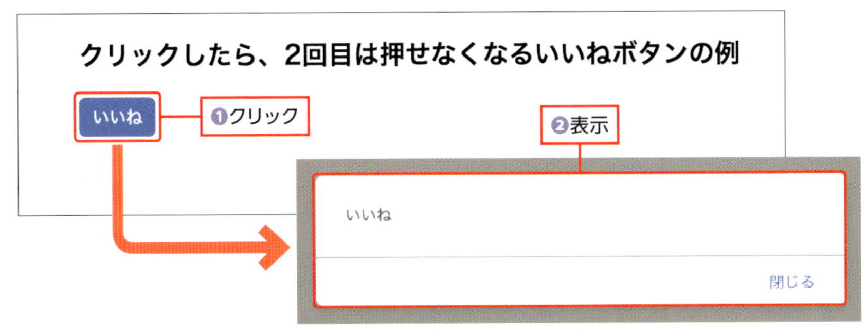

▲図5.2：クリックしたら、2回目は押せなくなる「いいね」ボタン（1）

クリックしたら、2回目は押せなくなるいいねボタンの例

いいね

▲図5.3：クリックしたら、2回目は押せなくなる「いいね」ボタン（2）

引数を渡してメソッドを実行する

「methods:」に記述するメソッドには引数を渡すこともできます。メソッド側で「function(引数)」と引数を受けるように作っておいて、HTML側からは「メソッド名(引数)」と引数をつけて実行します。

書式 引数付きのメソッドを作る

JS
```
new Vue({
  methods: {
    メソッド名: function(引数) {
      処理内容
    }
  }
})
```

書式 ボタンのクリックと引数付きメソッドとをつなぐ

HTML
```
<button v-on:click="メソッド名(引数)">
```

▶ クリックしたら、値をいろいろ増やす例：ontest3.html

ボタンを複数用意して、クリックしたら、それぞれ違った値を増やすボタンを作ってみましょう。

まず、「{{ count }}」と書いて数値を表示させます。ボタンを3つ用意して、それぞれ「v-on:click="countUp(3)"」「v-on:click="countUp(10)"」「v-on:click="countUp(100)"」と引数を変えてメソッドを実行します。これでボタンによって増える値が変わります。

HTML
```
<div id="app">
  <p>{{ count }}</p>
  <button v-on:click="countUp(3)">3増やす</button>
  <button v-on:click="countUp(10)">10増やす</button>
  <button v-on:click="countUp(100)">100増やす</button>
</div>
```

Vueインスタンスの「data:」に「count」というプロパティを用意して、値を0にしておきます。

「methods:」に「countUp」というメソッドを用意して、「count」プロパティに、引数で渡された値「value」を足す処理を記述します。

JS
```
<script>
  new Vue({
    el: '#app',
    data: {
      count:0
    },
    methods: {
      countUp: function(value) {
        this.count += value;
      }
    }
  })
</script>
```

実行してみましょう。クリックするボタンによって違う値が増えることがわかります（図5.4❶❷）。

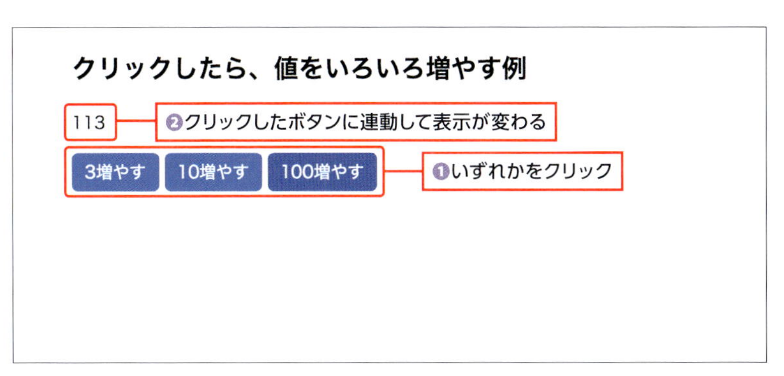

▲図5.4：クリックしたら、値をいろいろ増やす

キー入力したとき

「キーが入力されたとき、Vueインスタンスのメソッドを実行する」という処理を作ることもできます。

書式 キーのクリックをVueインスタンスのメソッドとつなぐ

```HTML
<input v-on:keyup.キー修飾子="メソッド名">
```

ワンポイント キー修飾子

キー修飾子を指定しなければ、どのキーを押してもメソッドが実行されてしまうので、特定のキーを押したときにだけ反応させるために、キー修飾子を指定します。

- .enter
- .tab
- .delete（DeleteとBackspace両方）
- .esc
- .space
- .up
- .down
- .left
- .right
- .48～.57（0～9）
- .65～.90（A～Z）

ワンポイント システム修飾子キー

イベントに**システム修飾子キー**を追加すると、このキーを押しながらキーが押されたとき（またはクリックされたとき）にだけメソッドが呼ばれるようになります。

- .ctrl
- .alt
- .shift
- .meta（Windowsは［Windows］キー、macOSは［command］キー）

▶ [Enter] キーを押したらアラートを表示する例：ontest4.html

［Enter］キーを押したときに、アラートを表示させてみましょう。

input要素に「v-on:keyup.enter="showAlert"」と指定すると、［Enter］キーを押したときに「showAlert」メソッドを実行します。また、「v-model="myText"」と指定すると、入力された文字列が「myText」に入ります。

HTML
```
<div id="app">
  <input v-on:keyup.enter="showAlert" v-model="myText">
  <p>{{ myText }}</p>
</div>
```

Vueインスタンスの「data:」に「myText」プロパティを用意しておきます。さらに「methods:」にアラートを表示する「showAlert」メソッドを用意しておきます。

JS
```
<script>
  new Vue({
    el: '#app',
    data: {
      myText: 'Hello!'
    },
    methods: {
      showAlert: function() {
        alert("Enterキーを押しました。");
      }
```

```
    }
  })
</script>
```

実行してみましょう。テキストを入力しているとき、[Enter] キーを押すとアラートが表示されるのがわかります（図5.5❶❷）。

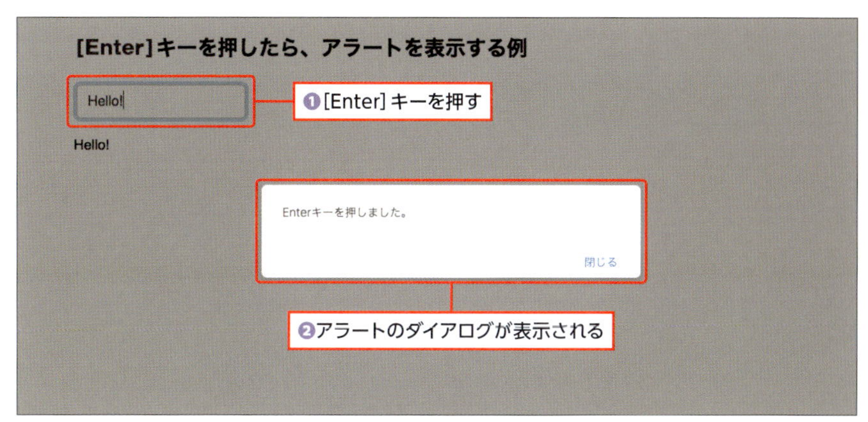

▲図5.5：[Enter] キーを押したらアラートを表示する

▶ [Shift] + [Enter] キーを押すとアラートを表示する例：ontest5.html

[Shift] キーを押しながら [Enter] キーを押したときに、アラートを表示させてみましょう。

input 要素に「v-on:keyup.enter.shift="showAlert"」と指定すると、[Shift] キーを押しながら [Enter] キーを押したときに「showAlert」メソッドを実行します。

HTML

```html
<div id="app">
  <input v-on:keyup.enter.shift="showAlert" v-model="myText">
  <p>{{ myText }}</p>
</div>
```

Vue インスタンスの「data:」に「myText」プロパティを用意しておきます。また、「methods:」にも「showAlert」メソッドを用意して、アラートを表示する処理をできるようにしておきます。

```
<script>
  new Vue({
    el: '#app',
    data: {
      myText: 'Hello!'
    },
    methods: {
      showAlert: function() {
        alert("Shift + Enterキーを押しました。");
      }
    }
  })
</script>
```


実行してみましょう。テキストを入力しているとき、[Shift] キーを押しながら [Enter] キーを押したときだけアラートが表示されるのがわかります（図5.6❶❷）。

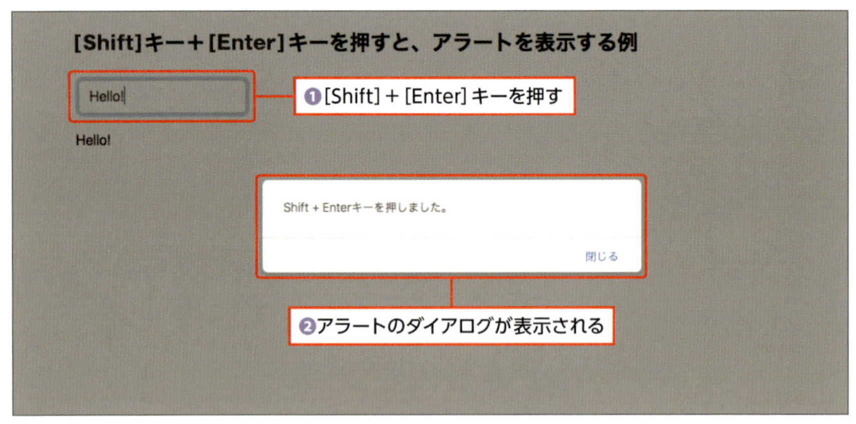

▲図5.6：[Shift] ＋ [Enter] キーを押すとアラートを表示する

02 まとめ

図で見てわかるまとめ

ユーザーがボタンを押したとき、あるメソッドを実行させるには、v-onを使います。

メソッドは、Vueインスタンスの「method:」に用意しておきます。

このとき、そのメソッドで変化するデータをマスタッシュタグで表示しておけば、ユーザーがボタンを押すとリアルタイムで表示が変わります（図5.7）。

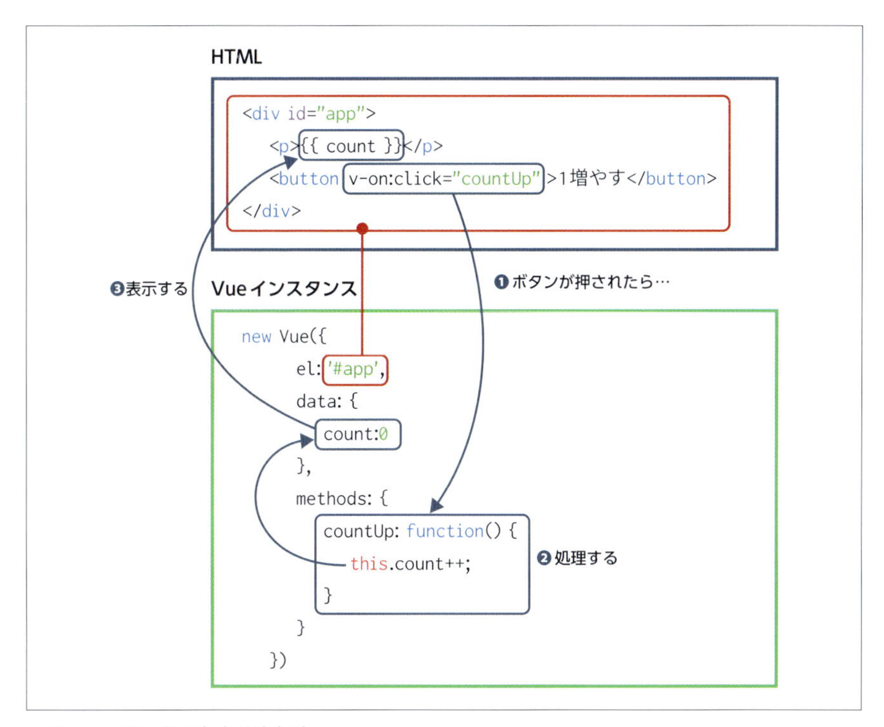

▲図5.7：図で見てわかるまとめ

書き方のおさらい

ボタンをクリックしたとき

❶ HTMLのbutton要素に、「v-on:click="メソッド名"」と書きます。

HTML
```
<button v-on:click="countUp">1増やす</button>
```

❷ Vueインスタンスの「methods:」にメソッドを用意しておきます。

JS
```
data: {
  count:0
},
methods: {
  countUp: function() {
    this.count++;
  }
}
```

ボタンをクリックしたとき（引数を渡して実行したいとき）

❶ HTMLのbutton要素に、「v-on:click="メソッド名(引数)"」と指定します。

HTML
```
<button v-on:click="countUp(3)">3増やす</button>
```

❷ Vueインスタンスの「methods:」にメソッドを用意しておきます。

JS
```
data: {
  count:0
},
methods: {
  countUp: function(value) {
    this.count += value;
  }
}
```

[Enter] キーが押されたとき

❶ HTMLのinput要素に、「v-on:keyup.enter="メソッド名"」と指定します。

HTML

```
<input v-on:keyup.enter="showAlert" v-model="myText">
```

❷ Vueインスタンスの「methods:」にメソッドを用意しておきます。

JS

```
data: {
  myText: 'Hello!'
},
methods: {
  showAlert: function() {
    alert("Enterキーを押しました。");
  }
}
```

Chapter 6

条件とくり返しを使うとき

01 条件によって表示する：v-if

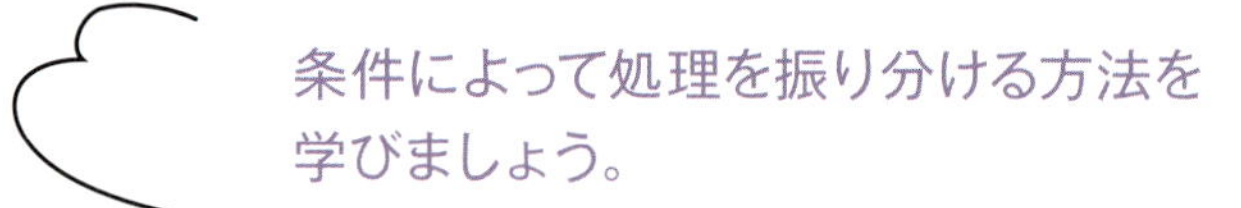

条件によってHTML要素を表示させたり、消したりするときに使うのが「**v-ifディレクティブ**」です。表示／非表示を切り替えるだけなのか、表示内容を変更するのかなどによって指定方法が変わります。

書式 条件を満たすときだけ表示

```html
<タグ名 v-if="条件">条件がtrueなら表示</タグ名>
```

書式 条件によって表示要素を切り替える

```html
<タグ名 v-if="条件"> 条件がtrueなら表示 </タグ名>
<タグ名 v-else> そうでないなら表示 </タグ名>
```

書式 複数の条件によって表示要素を切り替える

```html
<タグ名 v-if="条件1"> 条件1がtrueなら表示 </タグ名>
<タグ名 v-else-if="条件2"> そうでなくて、条件2がtrueなら表示 </タグ名>
<タグ名 v-else> どちらでもないなら表示 </タグ名>
```

条件で表示するときは、v-if

▶ trueのときだけ表示する例：iftest1.html

チェックボックスをONにしたときだけ文字列を表示させてみましょう。チェックボックスについてはChapter 4の01節で説明したので、使い方をおさらいしておいてください。

input要素のチェックボックスに「v-model="myVisible"」と指定すると、ON/OFFが「myVisible」に入ります。それを使ってp要素に「v-if="myVisible"」と指定すると、チェックボックスがONのときだけ表示されるようになります。

HTML
```
<div id="app">
  <label><input type="checkbox" v-model="myVisible">表示する</label>
  <p v-if="myVisible">チェックボックスはON</p>
</div>
```

Vueインスタンスの「data:」に、「myVisible」を用意して、値をfalseにしておきます。

JS
```
<script>
  new Vue({
    el: '#app',
    data: {
      myVisible: false
    }
  })
</script>
```

実行してみましょう。チェックボックスをONにしたときだけ表示されるのがわかります（図6.1❶〜❹）。

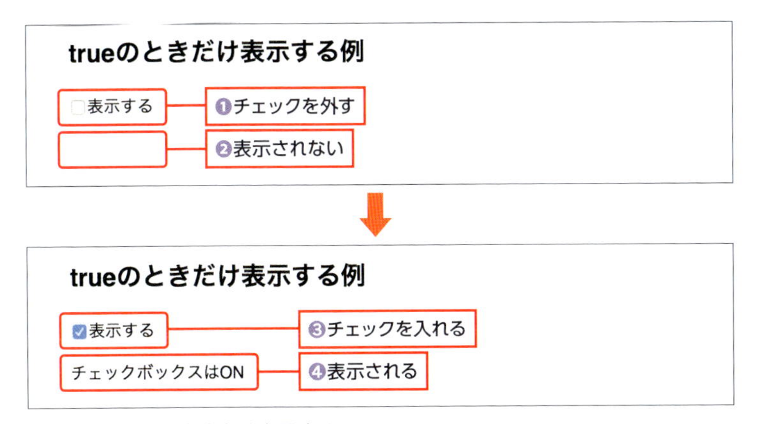

▲図6.1：trueのときだけ表示する

▶ trueとfalseで表示を切り替える例：iftest2.html

チェックボックスをONするかどうかで表示する文字列を切り替えてみましょう。

input要素のチェックボックスに「v-model="myVisible"」と指定すると、ON/OFFが「myVisible」に入ります。それを使ってp要素に「v-if="myVisible"」と指定すると、チェックボックスがONのときだけ表示されるようになります。さらに、次のp要素に「v-else」と指定すると、チェックボックスがOFFのときはこちらが表示されるようになります。

HTML

```html
<div id="app">
  <label><input type="checkbox" v-model="myVisible">表示する</label>
  <p v-if="myVisible">チェックボックスはON</p>
  <p v-else>チェックボックスはOFF</p>
</div>
```

Vueインスタンスの「data:」に「myVisible」を用意して、値をfalseにしておきます。

JS

```html
<script>
  new Vue({
    el: '#app',
    data: {
      myVisible: false
    }
  })
</script>
```

実行してみましょう。チェックボックスをON/OFFすると表示が切り替わるのがわかります（図6.2）。

trueとfalseで表示を切り替える例

□表示する

チェックボックスはOFF

trueとfalseで表示を切り替える例

☑表示する

チェックボックスはON

▲図6.2：trueとfalseで表示を切り替える

▶ クリックしたら「いいね！」ボタンが消える例：iftest3.html

クリックしたら消えてしまう「いいね！」ボタンを作ってみましょう。

HTML
```
<div id="app">
  <button v-if="isShow" v-on:click="iine">いいね！</button>
</div>
```

button要素に「v-if="isShow"」と指定すると、「isShow」の値がtrueのときは表示されて、falseになると消える仕組みを作れます。「v-on:click="iine"」で、クリックしたら「iine」メソッドを実行するようにして、この中でisShowをfalseにします。

Vueインスタンスの「data:」に、「isShow」プロパティを用意して、値をtrueにしておきます。「methods:」に、「iine」メソッドを用意して、「this.isShow」をfalseにする処理を用意します。

JS
```
<script>
  new Vue({
    el: '#app',
    data: {
      isShow: true
    },
    methods: {
```

```
      iine: function() {
        this.isShow = false
      }
    }
  })
</script>
```


実行してみましょう。ボタンをクリックすると、ボタンが消えてしまうのがわかります（図6.3❶❷）。

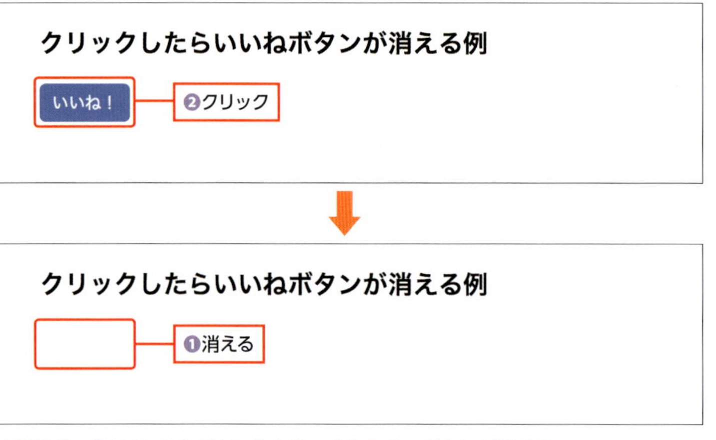

▲図6.3：「いいね！」ボタンをクリックしたら、ボタンが消える

コラム

v-show

v-ifによく似た機能の**v-show**というディレクティブもあります。こちらも「v-show="isShow"」と指定することで、「isShow」をfalseにすると要素を消すことができます。ただし、**v-if**が「HTMLから要素が削除されてしまう」のに対して、**v-show**は「CSSスタイルのdisplay: noneで見えなくしているだけ」なので、HTMLの要素としては存在し続けます。

true/falseで表示を切り替えたとき、**v-if**は表示し直すたびに要素が作り直されますが、**v-show**だと表示し直しても作り直されることがないという違いがあります。また、**v-show**は、「v-elseと連動しない」ので、falseのときに別のものを表示させることはできません。

02 くり返し表示する：v-for

何度もくり返し表示する方法を
学びましょう。

HTML要素をくり返し表示するときに使うのが、「v-forディレクティブ」です。配列データをくり返し表示するものや、回数を指定して表示するものなどがあります。

書式 配列から値を1つずつ取り出しながら表示をくり返す

```HTML
<タグ v-for="変数 in 配列"> くり返し表示する部分 </タグ>
```

書式 指定した回数、表示をくり返す

```HTML
<タグ v-for="変数 in 最大値"> くり返し表示する部分 </タグ>
```

書式 配列から「値と番号」を1つずつ取り出しながら表示をくり返す

```HTML
<タグ v-for="(変数,番号) in 配列"> くり返し表示する部分 </タグ>
```

> くり返し表示するときは、v-for

▶ 配列データをリストで表示する例：fortest1.html

配列に用意した複数のデータを、リストで表示してみましょう。

「myArray」という配列の中身をくり返し表示させるときは、li要素に「v-for="item in myArray"」と指定します。すると、「item」に値を1つずつ取り出しながらデータの個数だけくり返しリストの表示を行います。取り出した値を表示させるときは「{{ item }}」と指定します。

```html
<div id="app">
  <ul>
    <li v-for="item in myArray">{{ item }}</li>
  </ul>
</div>
```

Vueインスタンスの「data:」に「myArray」という配列データを用意しておきます。

```js
<script>
  new Vue({
    el: '#app',
    data: {
      myArray: ['ジャムパン','メロンパン','クロワッサン']
    }
  })
</script>
```

実行してみましょう。配列の中身がリストで表示されるのがわかります（図6.4）。

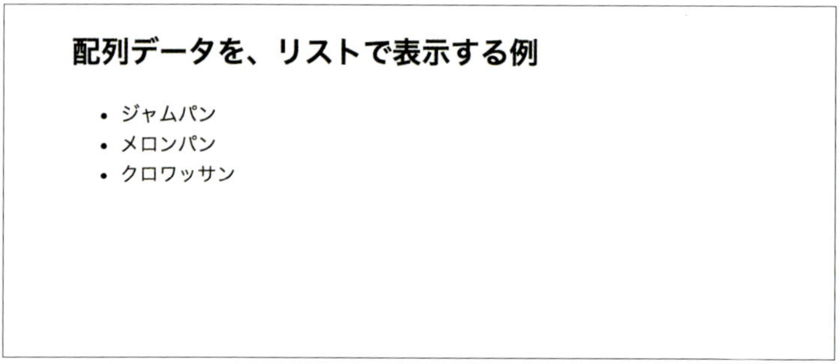

配列データを、リストで表示する例

- ジャムパン
- メロンパン
- クロワッサン

▲図6.4：配列データをリストで表示する

▶ オブジェクトの配列データをリストで表示する例：fortest2.html

オブジェクトの配列データをリストで表示してみましょう。

HTML

```
<div id="app">
  <ul>
    <li v-for="item in objArray">{{ item.name }} ¥{{ item.price }}</li>
  </ul>
</div>
```

「objArray」という配列の値をくり返し表示させるときは、li要素に「v-for="item in objArray"」と指定します。すると、「item」に値を1つずつ取り出しながらデータの個数だけくり返しリストの表示を行います。「item」にプロパティをつけて「{{ item.name }}」「{{ item.price }}」と表示します。

JS

```
<script>
  new Vue({
    el: '#app',
    data: {
      objArray: [
        {name: 'ジャムパン', price: 100},
        {name: 'メロンパン', price: 120},
        {name: 'クロワッサン', price: 150}
      ]
    }
  })
</script>
```

Vueインスタンスの「data:」に「objArray」という配列を用意して、配列の中にオブジェクトを並べて用意しておきます。

実行してみましょう。配列の中身がリストで表示されるのがわかります（図6.5）。

オブジェクトの配列データを、リストで表示する例

- ジャムパン ¥100
- メロンパン ¥120
- クロワッサン ¥150

▲図6.5：オブジェクトの配列データをリストで表示する

▶ 1×5～10×5を、くり返し表示する例：fortest3.html

1×5から10×5までの10個のかけ算をリストで表示してみましょう。

1～10までくり返し表示させるときは、li要素に「v-for="n in 10"」と指定します。すると、「n」に1～10までの値が1つずつくり返し入ります。その「n」を使って、かけ算を「{{n}}x5={{n * 5}}」と表示します。

HTML
```
<div id="app">
  <ul>
    <li v-for="n in 10"> {{n}}x5={{n * 5}}</li>
  </ul>
</div>
```

今回は、データもメソッドも使っていないのですが、「v-for」を使うので「el:」だけのVueインスタンスを作る必要があります。

JS
```
<script>
  new Vue({
    el: '#app'
  })
</script>
```

実行してみましょう。かけ算がリストで表示されるのがわかります（図6.6）。

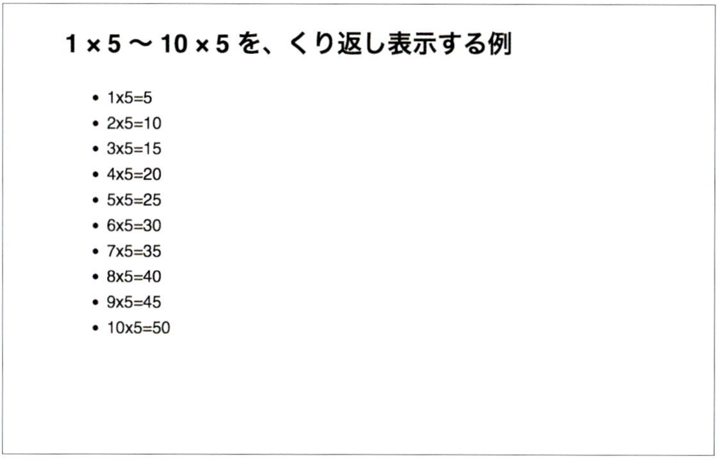

1 × 5 〜 10 × 5 を、くり返し表示する例

- 1x5=5
- 2x5=10
- 3x5=15
- 4x5=20
- 5x5=25
- 6x5=30
- 7x5=35
- 8x5=40
- 9x5=45
- 10x5=50

▲図6.6：1×5〜10×5を、くり返し表示する

▶ 配列データを、番号付きリストで表示する例：fortest4.html

配列データを、番号付きリストで表示してみましょう。

「myArray」の中身を番号と一緒に取り出すときは、li要素に「v-for="(item, index) in myArray"」と指定します。すると「item」に値、「index」にその番号を取り出しながらくり返します。「{{ index }}:{{ item }}」と指定すると「何番目：値」と表示させます。

HTML

```
<div id="app">
  <ul>
    <li v-for="(item, index) in myArray">{{ index }}:{{ item }}</li>
  </ul>
</div>
```

Vueインスタンスの「data:」に「myArray」を用意して、配列データを用意しておきます。

JS

```
<script>
  new Vue({
    el: '#app',
    data: {
```

```
        myArray: ['ジャムパン','メロンパン','クロワッサン']
      }
   })
</script>
```

実行してみましょう。番号付きでリストで表示されるのがわかります（図6.7）。

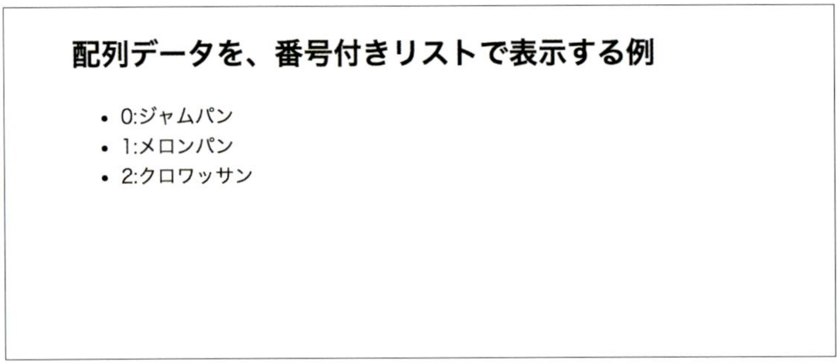

配列データを、番号付きリストで表示する例

- 0:ジャムパン
- 1:メロンパン
- 2:クロワッサン

▲図6.7：配列データを番号付きリストで表示する

▶ 配列データをテーブルで表示する例❶：tabletest0.html

「たくさんのデータをくり返し表示する」という機能は、リスト以外にもテーブルにも使えます。たとえば、「注目されている言語ランキング」という、以下のようなデータがあったとして、これをテーブルで表示してみましょう。

```
"プログラミング言語",2018,2013,2008,2003,1998
'Java',1,2,1,1,16
'C',2,1,2,2,1
'C++',3,4,3,3,2
'Python',4,7,6,11,23
'JavaScript',7,10,8,7,20
```

最終的に以下のテーブルのように表示しようと思います。最初の1行はテーブルヘッダーにして、残りはテーブルボディにして1つずつ取り出して表示します（表6.1）。

▼表6.1：作成するテーブル「注目されている言語ランキング」

プログラミング言語	2018	2013	2008	2003	1998
Java	1	2	1	1	16
C	2	1	2	2	1
C++	3	4	3	3	2
Python	4	7	6	11	23
JavaScript	7	10	8	7	20

まずは、テーブルヘッダー部分のくり返しを「v-for="item in header"」で作ります。「header」として用意した配列の値を1つずつ取り出してヘッダーを作ります。

次に、テーブルボディ部分の1行ずつのくり返しを「v-for="line in ranking"」で作り、「ranking」として用意した配列の値を1列ずつ取り出し、さらにその中のデータを「v-for="item in line"」で1つずつに切り分けて表示していきます。これで、テーブルのヘッダーとボディが表示されます。

HTML

```
<div id="app">
  <h3>注目されている言語ランキング</h3>
  <table>
    <thead>
    <!-- テーブルヘッダーのくり返し -->
    <th v-for="item in header">{{ item }}</th>
    </thead>
    <tbody>
      <!-- 1行のくり返し -->
      <tr v-for="line in ranking">
        <!-- 1データのくり返し -->
        <td v-for="item in line">{{ item }}</td>
      </tr>
    </tbody>
  </table>
</div>
```

あとは、Vueインスタンスの「data:」に、ヘッダー部分の配列を「header」に、ボディ部分の2次元配列を「ranking」に用意しておくだけです。

JS

```
<script>
  new Vue({
    el: '#app',
    data: {
      header: [ "プログラミング言語",2018,2013,2008,2003,1998],
      ranking: [
        ['Java',1,2,1,1,16],
        ['C',2,1,2,2,1],
        ['C++',3,4,3,3,2],
        ['Python',4,7,6,11,23],
        ['JavaScript',7,10,8,7,20]
      ]
    }
  })
</script>
```

実行してみましょう。データが表形式で表示されるのがわかります（図6.8）。

配列データを、テーブルで表示する例

注目されている言語ランキング

プログラミング言語	2018	2013	2008	2003	1998
Java	1	2	1	1	16
C	2	1	2	2	1
C++	3	4	3	3	2
Python	4	7	6	11	23
JavaScript	7	10	8	7	20

▲図6.8：データを表形式で表示する

▶ 配列データをテーブルで表示する例❷：tabletest.html

ただし、前述のままだと表として見にくいので、CSSを追加してみます。

CSS

```
<style>
  table {
    width: 100%;
    text-align: left;
  }
  table th {
    padding: 12px;
    border-bottom: 2px solid darkgray;
  }
  table td {
    padding: 12px;
  }
  table tr:nth-of-type(even) {
    background-color: rgba(0, 0, 255, 0.1);
  }
</style>
```

実行してみましょう。テーブルがわかりやすく表示されました（図6.9）。

配列データを、テーブルで表示する例

注目されている言語ランキング

プログラミング言語	2018	2013	2008	2003	1998
Java	1	2	1	1	16
C	2	1	2	2	1
C++	3	4	3	3	2
Python	4	7	6	11	23
JavaScript	7	10	8	7	20

▲図6.9：配列データをテーブルで表示する

配列データの追加と削除

Vue.jsでは、配列データの追加や削除は、JavaScriptのArrayの**pushメソッド**や**spliceメソッド**を使います。配列データを使ってリストを表示させているときは、配列データを追加&削除するとリアルタイムで画面上のリストも変化します。

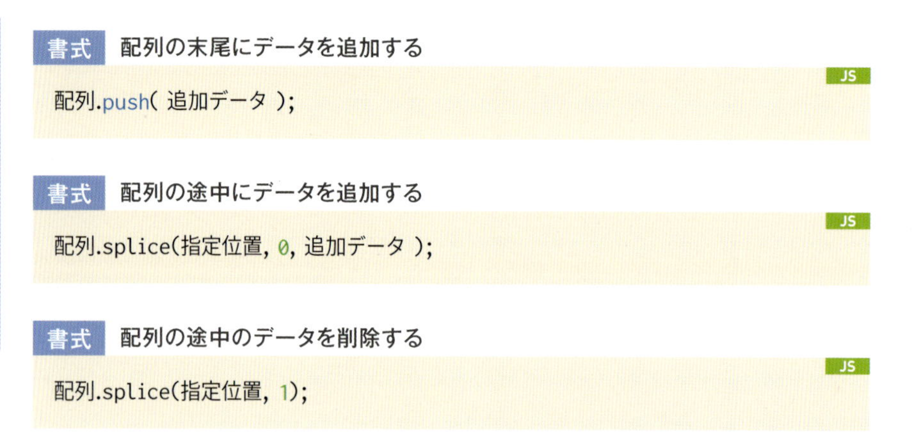

書式 配列の末尾にデータを追加する

```
配列.push( 追加データ );
```

書式 配列の途中にデータを追加する

```
配列.splice(指定位置, 0, 追加データ );
```

書式 配列の途中のデータを削除する

```
配列.splice(指定位置, 1);
```

Vue.jsで配列データを使うとき、注意するのは、**値を変更**するときも**spliceメソッド**を使うということです。たとえば、通常のJavaScriptのArrayであれば、「0番目の値を、100に変更する」というときは、

```
var myArray = [1,2,3,4,5];
myArray[0] = 100;
```

などと記述しますが、この方法ではVue.jsは「値が変わったことに気がつかない」ので画面上の変化は起こりません。データを変更したときに画面に変化を反映させるには、「splice」メソッドを使って、

```
var myArray = [1,2,3,4,5];
myArray.splice(0, 1, 100);
```

と指定する必要があるのです。

書式 配列の途中のデータを変更する

JS
```
配列.splice(位置, 1, 変更データ );
```

▶ ボタンでリストの追加・削除を行う例：fortest5.html

配列データをリストで表示させておいて、ボタンをクリックしたとき、リアルタイムにデータの追加や削除をさせてみましょう。

「myArray」のデータを「v-for="item in myArray"」を使ってリスト表示します。

複数のボタンを用意して、クリックしたら「末尾にデータを追加」「途中にデータを追加」「途中のデータを変更」「途中のデータを削除」するメソッドを呼ぶようにしておきます。

HTML
```
<div id="app">
  <ul>
    <li v-for="item in myArray"> {{ item }}</li>
  </ul>
  <button v-on:click="addLast">末尾に追加</button><br>
  <button v-on:click="addObj(3)">4つ目に追加</button><br>
  <button v-on:click="changeObj(0)">1つ目を変更</button><br>
  <button v-on:click="deleteObj(1)" >2つ目を削除</button><br>
</div>
```

Vueインスタンスの「data:」に元となる配列データ「myArray」を用意しておきます。

「methods:」には、末尾にデータを追加する「addLast」メソッド、途中にデータを追加する「addObj」メソッド、途中のデータを変更する「changeObj」メソッド、途中のデータを削除する「deleteObj」メソッドを用意します（ここでは動きがわかりやすいように［末尾に追加］［追加］［変更］などの文字データを追加しています）。

JS
```
<script>
  new Vue({
    el: '#app',
    data: {
      myArray: ['1つ目','2つ目','3つ目','4つ目','5つ目']
```

```
    },
    methods: {
      addLast: function(){
        this.myArray.push("［末尾に追加］");
      },
      addObj: function(index) {
        this.myArray.splice(index, 0, '［追加］')
      },
      changeObj: function(index) {
        this.myArray.splice(index, 1, '［変更］')
      },
      deleteObj: function(index) {
        this.myArray.splice(index, 1);
      }
    }
  })
</script>
```


実行してみましょう。それぞれのボタンをクリックすると、リストが変化するのがわかります（図6.10、図6.11）。

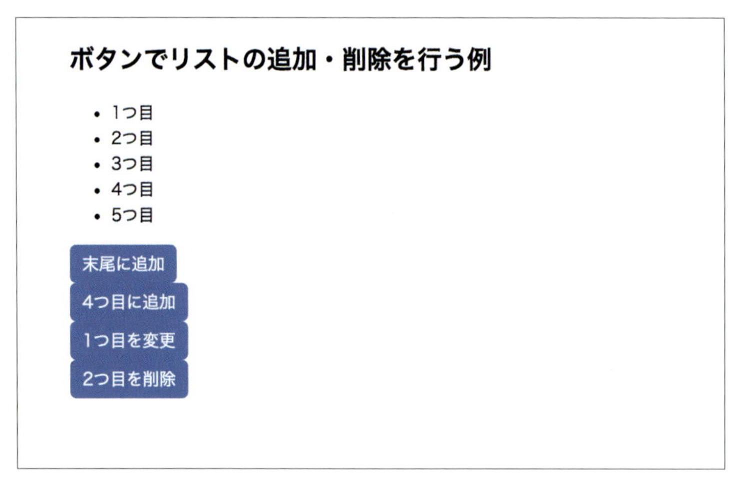

▲図6.10：ボタンでリストの追加・削除を行う（初期画面）

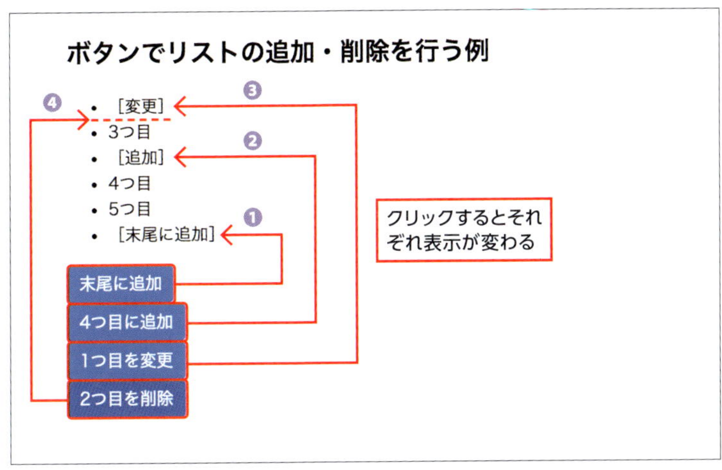

▲図6.11：ボタンでリストの追加・削除を行う（それぞれのボタンをクリックしたあとの画面）

▶ ボタンをクリックしたらソートする例：fortest6.html

ボタンをクリックしたら、リストデータをソートさせてみましょう。

配列データをソートするには、JavaScriptのsortメソッドが使えます。「配列名.sort(function(a,b) {return (a < b ? -1 : 1);});」と指定すると配列が昇順にソートされます（図6.12）。「a < b」の部分を「a > b」に変更すると降順にソートされます。sortメソッドを使って、「配列データをソートをして表示するだけのJavaScriptの例（sortTest.html）」を見てみましょう。

JS

```
var myArray = ['one','two','three','four','five'];
function sortData(listdata) {
  listdata.sort(function(a,b) {
    return (a < b ? -1 : 1);
  });
}
console.log(myArray);
sortData(myArray);
console.log(myArray);
```

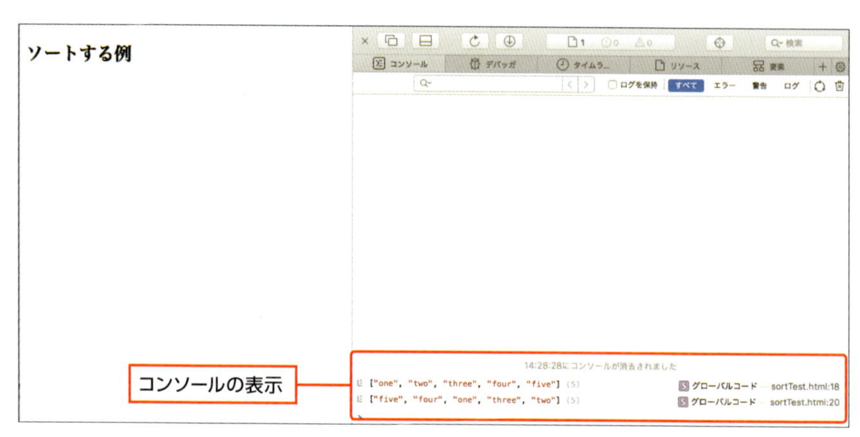

▲図6.12：ソート前のデータと、ソート後のデータがコンソールに表示される（sortTest.html）

このsortメソッドを使って配列データをソートし、リスト表示してみましょう。「myArray」のデータを「v-for="item in myArray"」を使ってリスト表示します。

ボタンを用意して「v-on:click="sortData(myArray)"」と指定して、クリックしたらmyArrayをソートするようにしておきます。

HTML
```
<div id="app">
  <ul>
    <li v-for="item in myArray"> {{ item }}</li>
  </ul>
  <button v-on:click="sortData(myArray)">ソートする</button><br>
</div>
```

Vueインスタンスの「data:」で、ソートする配列「myArray」を用意しておきます。

「methods:」で、配列をソートする「sortData(listdata)」メソッドを用意しておきます。

JS
```
<script>
  new Vue({
    el: '#app',
    data: {
      myArray: ['one','two','three','four','five']
```

```
    },
    methods: {
      sortData: function(listdata) {
        listdata.sort(function(a,b) {
          return (a < b ? -1 : 1);
        });
      }
    }
  })
</script>
```

実行してみましょう（図6.13、図6.14❶❷）。ボタンをクリックすると、リストの並びがソートされるのがわかります。

ボタンをクリックしたら、ソートする例

- one
- two
- three
- four
- five

ソートする

▲図6.13：ボタンをクリックしたらソートする（初期画面）

▲図6.14：ボタンをクリックしたあとの画面

v-forとv-ifの組み合わせ

v-forは、v-ifと組み合わせて使うこともできます。「くり返しを行いながら、条件を満たすときだけ表示させる」ということができます。

書式　配列から値を取り出してくり返し、条件を満たすときだけ表示

```
<タグ名 v-for="変数 in 配列" v-if="条件"> 条件を満たすときだけ表示する↵
部分 </タグ名>
```

書式　指定した回数くり返し、条件を満たすときだけ表示

```
<タグ名 v-for="変数 in 最大値" v-if="条件"> 条件を満たすときだけ表示する↵
部分 </タグ名>
```

▶ 偶数だけ表示する例：fortest7.html

配列データの中の偶数だけをリスト表示させてみましょう。

「myArray」の中身をくり返し表示させるので、li要素に「v-for="item in myArray"」と指定します。さらに「偶数のときだけ表示」させるために「v-if="item % 2 == 0"」を追加します。

```html
<div id="app">
  <ul>
    <li v-for="item in myArray" v-if="item % 2 == 0"> {{ item }}</li>
  </ul>
</div>
```

Vueインスタンスの「data:」に「myArray」を用意して、配列データを入れておきます。

```js
<script>
  new Vue({
    el: '#app',
    data: {
      myArray: [1,2,3,4,5,6]
    }
```

```
  })
</script>
```

実行してみましょう。偶数だけ表示されるのがわかります（図6.15）。

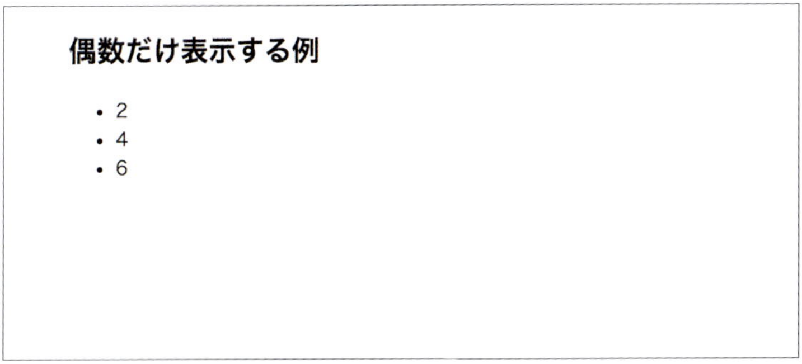

偶数だけ表示する例

- 2
- 4
- 6

▲図6.15：偶数だけ表示する

▶ ボタンをクリックしたら偶数だけ表示する例：fortest8.html

次は、v-ifを使って見た目だけ変更する方法ではなく、配列データそのものを変更して、偶数だけをリスト表示させてみましょう。

配列データを「条件を満たすものだけの配列に変更する」には、JavaScriptのfilterメソッドが使えます。たとえば、以下のように指定すれば、偶数だけの配列に変更できます（図6.16）。

JS

```
var myArray = [1,2,3,4,5,6];
function evenData() {
  this.myArray = this.myArray.filter(
    function(value) { return value % 2 == 0; }
  );
}
console.log(myArray);
evenData();
console.log(myArray);
```

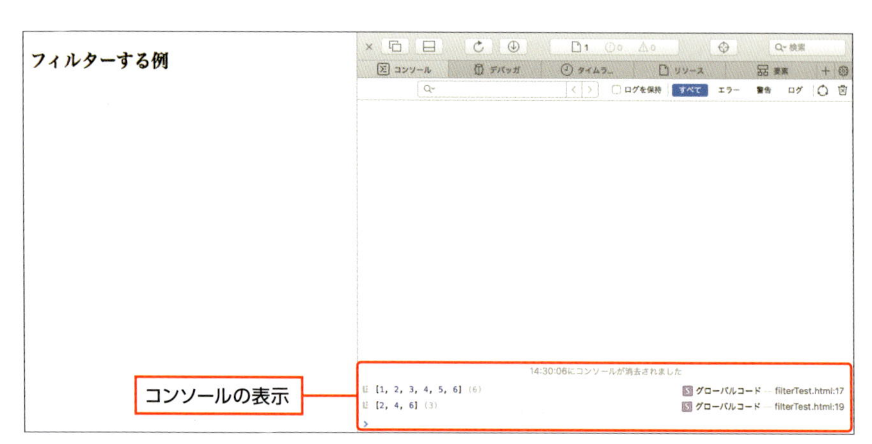

▲図6.16：フィルター前のデータと、フィルター後のデータがコンソールに表示される（fileterTest.html）

このfilterメソッドを使って偶数だけの配列に変更させて、リスト表示してみましょう。

「myArray」のデータを「v-for="item in myArray"」を使ってリスト表示します。

ボタンを用意して「v-on:click="evenData()"」と指定して、myArrayを偶数だけの配列に変換するように指定しておきます。

HTML
```
<div id="app">
  <ul>
    <li v-for="item in myArray">{{ item }}</li>
  </ul>
  <button v-on:click="evenData()">偶数だけにする</button><br>
</div>
```

Vueインスタンスの「data:」で、ソートする配列「myArray」を用意しておきます。

「methods:」で、配列を偶数だけにする「evenData」メソッドを用意しておきます。

JS
```
<script>
  new Vue({
    el: '#app',
```

```
      data: {
        myArray: [1,2,3,4,5,6]
      },
      methods: {
        evenData: function() {
          this.myArray = this.myArray.filter(
            function(value) {  return value % 2 == 0; }
          );
        }
      }
    })
</script>
```

実行してみましょう（図6.17、図6.18❶❷）。ボタンをクリックすると、リストの並びが偶数だけになるのがわかります。

▲図6.17：ボタンをクリックしたら偶数だけを抽出して表示する（初期画面）

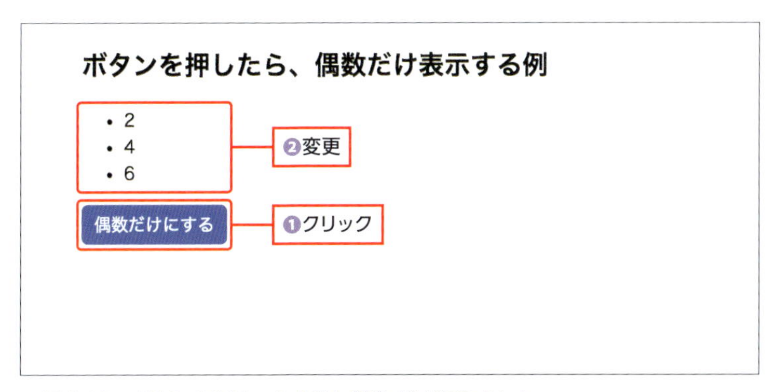

▲図6.18：ボタンをクリックすると偶数だけ表示された

03 まとめ

第6章をおさらいしてみましょう。

図で見てわかるまとめ

用意したデータの表示／非表示をtrue/falseで切り替えるには、**v-if**を使います。

データは、Vueインスタンスの「data:」に用意しておきます。

このとき、プロパティの値を変更できるチェックボックスを用意しておけば、ユーザーの操作で表示／非表示をリアルタイムに切り替えることができます（図6.19）。

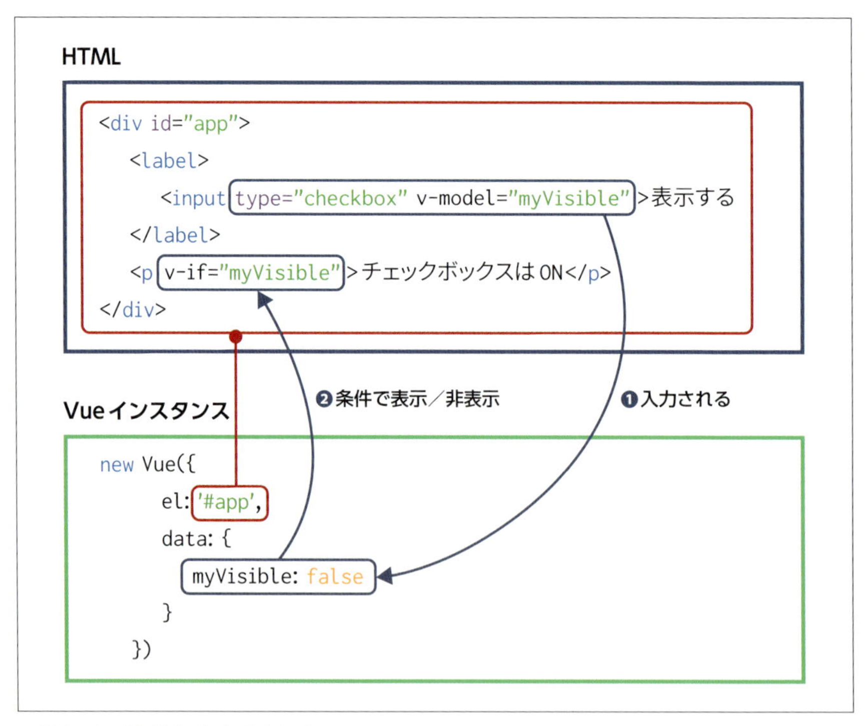

▲図6.19：図で見てわかるまとめ

用意した配列データを使って、要素をくり返し表示させるには、**v-for**を使います。

配列データは、Vueインスタンスの「data:」に用意しておきます（図6.20）。

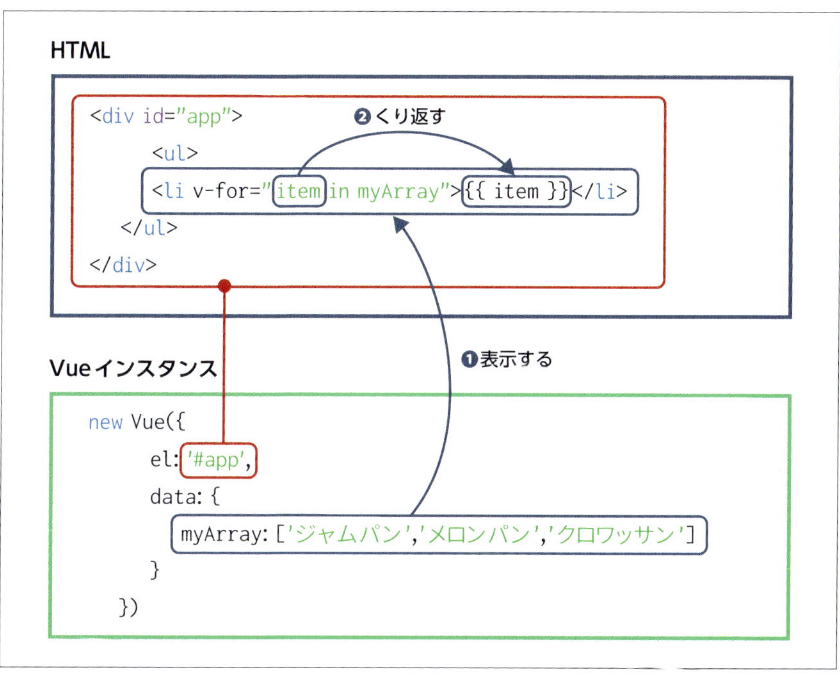

▲図6.20：図で見てわかるまとめ

書き方のおさらい

trueのときだけ表示するとき

❶ HTMLの要素に、「v-if="プロパティ名"」と指定します。

HTML
```
<p v-if="myVisible">チェックボックスはON</p>
```

❷ Vueインスタンスの「data:」に、プロパティを用意して「true/falseの値」を入れておきます。

```
data: {
  myVisible: false
}
```

true/falseで切り換えて表示するとき

❶ HTMLの要素に、「v-if="プロパティ名"」と指定し、falseのときに表示する行に「v-else」と指定します。

```
<p v-if="myVisible">チェックボックスはON</p>
<p v-else>チェックボックスはOFF</p>
```

❷ Vueインスタンスの「data:」に、プロパティを用意して「true/falseの値」を入れておきます。

```
data: {
  myVisible: false
}
```

配列データを、リストで表示するとき

❶ HTMLの要素に、「v-for="一時変数 in プロパティ名"」と指定します。

```
<li v-for="item in myArray">{{ item }}</li>
```

❷ Vueインスタンスの「data:」に、プロパティを用意して「配列データ」を入れておきます。

```
data: {
  myArray: ['ジャムパン','メロンパン','クロワッサン']
}
```

オブジェクトデータを、リストで表示するとき

❶ HTMLの要素に、「v-for="一時変数 in プロパティ名"」と指定します。

```
<li v-for="item in objArray">{{ item.name }}</li>
```

❷ Vueインスタンスの「data:」に、プロパティを用意して「オブジェクトの配列データ」を入れておきます。

```
data: {
  objArray: [
    {name: 'ジャムパン', price: 100},
    {name: 'メロンパン', price: 120},
    {name: 'クロワッサン', price: 150}
  ]
}
```

回数を指定して、リストで表示するとき

❶ HTMLの要素に、「v-for="一時変数 in 最大値"」と指定します。

```
<li v-for="n in 10"> {{n}} </li>
```

配列データを追加、削除するとき

❶ 配列の**末尾にデータを追加**するときは、「配列.push(追加データ);」と指定します。

```
this.myArray.push(追加データ);
```

❷ 配列の**途中にデータを追加**するときは、「配列.push(指定位置, 0, 追加データ);」と指定します。

```
this.myArray.push(指定位置, 0, 追加データ);
```

❸ 配列の**データを変更**するときは、「配列.push(指定位置, 1, 変更データ);」と指定します。

JS
```
this.myArray.push(指定位置, 1, 変更データ);
```

❹ 配列の**データを削除**するときは、「配列.splice(指定位置, 1);」と指定します。

JS
```
this.myArray.splice(指定位置 , 1);
```

Chapter 7

Google Charts と連動させてみよう

01 Google Chartsとは？

ユーザーが操作すると動くグラフを
作ってみましょう。

Vue.jsは、ほかのJavaScriptライブラリと連動させて使うこともできます。ここでは、Google Chartsと連動させてみましょう。

Google Chartsは、いろいろなグラフを簡単に描けるJavaScriptのライブラリです。「**どんなグラフを使って、どんなデータを表示させるのか**」を指定するだけで、円グラフや棒グラフや折れ線グラフなど、いろいろなグラフを表示させることができます。

CDNを介してインストールできるので、手軽に使えます。HTMLで使うには次のコードを記述します。

書式 Google ChartsライブラリのCDNの指定方法

HTML

```
<script type="text/javascript" src="https://www.gstatic.com/charts/⏎
loader.js"></script>
```

Google Chartsでは“動かない”グラフは表示できるのですが、インタラクティブに変化させることはできません。そこで、Vue.jsを連動させて「ユーザーが操作すると動くグラフ」を作ってみることにします。

▶ Google Chartsで円グラフを表示させる例：GoogleCharts.html

まずは、**Google Chartsだけで**普通に3D円グラフを表示させるプログラムを作ってみましょう。用意するのは「グラフに使うデータ」と、「どんなグラフで表示をするのかを設定した関数」です。ここでは、3Dで表示するので「is3D」オプションを指定したPiChart（円グラフ）を表示させます。例として「**好きなランチの投票結果の円グラフ**」を表示してみます（リスト7.1）。

▼リスト7.1：GoogleCharts.html

HTML

```
<!DOCTYPE html>
<html>
  <head>
    <meta charset="UTF-8">
    <title>Vue.js sample</title>
    <link rel="stylesheet" href="style.css" >
    <script type="text/javascript" src="https://www.gstatic.com/⏎
charts/loader.js"></script>
  </head>

  <body>
    <h2>GoogleChartsで円グラフを表示させる例</h2>
    <h3>好きなランチ投票</h3>
    <div id="chart_div" style="height: 500px;"></div>

    <script>
      // グラフに使うデータ
       var orgdata = [
         ['種類', '個数'],
         ['幕の内', 3], ['カルビ弁当', 4], [ 'オムライス', 5],
         ['冷やし中華', 1], ['ビビンバ丼', 3], [ 'ざるそば', 1]
       ];

      google.charts.load('current', {packages: ['corechart']});
      google.charts.setOnLoadCallback(drawBasic);

      // グラフを表示する関数
      function drawBasic() {
        var data = google.visualization.arrayToDataTable(orgdata);
        var options = {title: '好きなランチ',"is3D": true};
        var chart = new google.visualization.PieChart(
          document.getElementById('chart_div'));
        chart.draw(data, options);
      }
    </script>
  </body>
</html>
```

円グラフは、「<div id="chart_div" style="height: 500px;"></div>」の場所に描かれます。

グラフに使うデータは「orgdata」です。['幕の内', 3]や['カルビ弁当', 4]などといった「ランチメニューと投票数」をセットにしたデータを並べます。

これを、グラフを表示する関数に渡すと、割合を3Dの円グラフで表示してくれます（図7.1）。

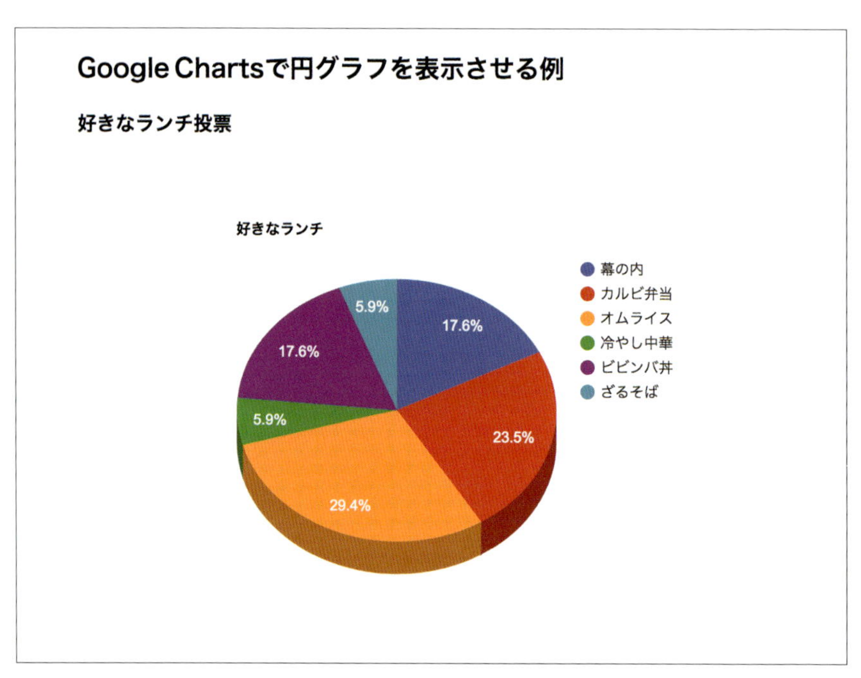

▲図7.1：Google Chartsの実行例

02 Google Chartsと連動させる

Vue.jsとGoogle Chartsを連動させて動的に変化する円グラフを描きましょう。

▶ Google Chartsの円グラフにボタンで投票できる例：GoogleChartsVue.html

それでは作った円グラフに、Vueインスタンスを追加して動かしてみましょう。具体的には、「投票」ボタンを追加して「ユーザーが投票すると動くグラフ」に改造します。

まず、円グラフを表示するdiv要素（id="chart_div"）の下に、「投票」ボタンを表示します。項目の数だけ並べるので、「v-for」を使って「投票」ボタンをくり返し表示します。ただし、データの1つ目は['種類','個数']というタイトル用なので「v-if」で2つ目以降からの表示に制限します。それを行うのが「v-for="(item, c) in dataArray" v-if="c>0"」です。

ボタンには、「クリックしたら、その番号の項目に投票する」ようにします。それを行うのが「v-on:click="addOne(c)"」です。

HTML
```
<div id="chart_div" style="height: 500px;"></div>
<div id="app">
  <li v-for="(item, c) in dataArray" v-if="c>0">{{item[0]}} : {{item[1]}}
    <button v-on:click="addOne(c)">一票</button>
  </li>
</div>
```

Vue.jsを使うので、Vueライブラリを読み込みます。

Vueインスタンスの「data:」には「dataArray」を用意して、値を「orgdata」にして円グラフのデータとつなぎます。

「methods:」に、投票する「addOne(val)」メソッドを用意します。各ランチの投票データは「this.dataArray[ランチ番号]」に入っています。指定されたランチ番号（val）の投票数を増やしたいので、まず「this.dataArray[val]」のオブジェクトを別の変数objに取り出します。ランチの投票数はこの配列の[1]に入っているので、「obj[1]」の値に1を足し、その追加済みのobjを「splice」メソッドで入れ直して変更します。その後、「drawBasic();」でグラフを再描画します。

HTML
```
<script src="https://cdn.jsdelivr.net/npm/vue@2.5.17/dist/vue.js">
</script>
<script>
  new Vue({
    el: '#app',
    data: {
      dataArray:orgdata
    },
    methods: {
      addOne: function(val) {
        var obj = this.dataArray[val];
        obj[1]++;
        this.dataArray.splice(val, 1, obj);
        drawBasic();
      }
    }
  });
</script>
```

実行してみましょう。「一票」というラベルの書かれた投票ボタンが表示されるので、クリックすると円グラフの割合がリアルタイムで変化していくのがわかります（図7.2）。

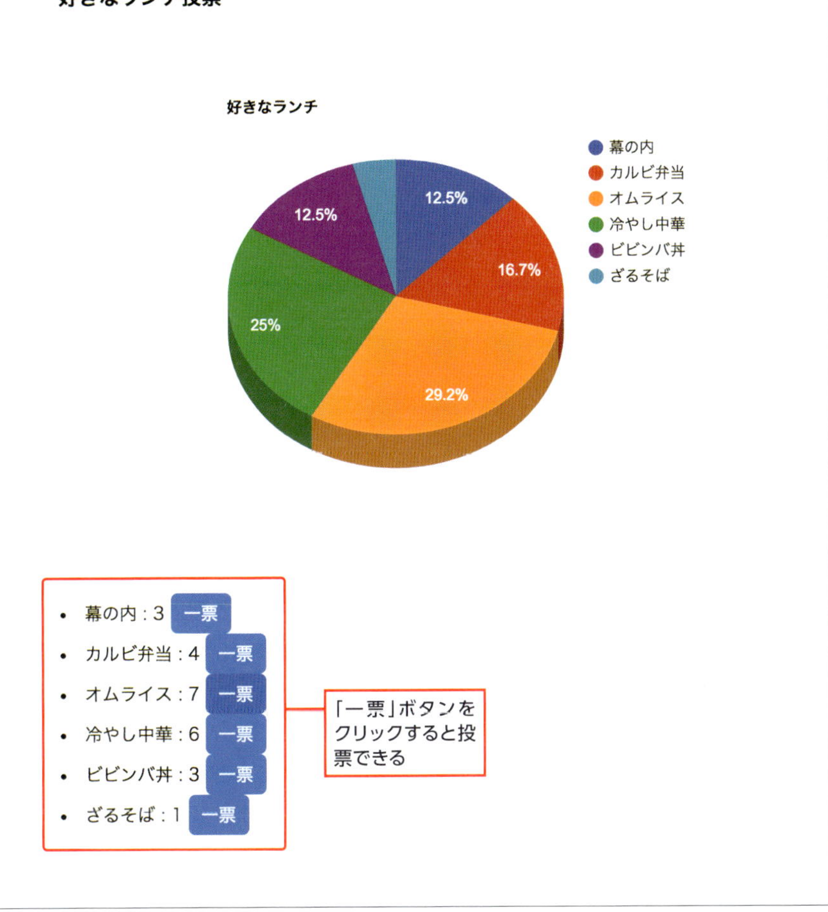

▲図7.2：Google Chartsの円グラフにボタンで投票できる

03 まとめ

第7章をおさらいしてみましょう。

図で見てわかるまとめ

Google Chartsは、「グラフのデータ」と「どのようなグラフを書くのかを指定した関数」を用意しておくだけで、グラフを表示することができるライブラリです。

その「グラフのデータ」を、Vueインスタンスの「`data:`」に用意したプロパティに入れておけば、Google ChartsとVue.jsをつなぐことができます。

Vueインスタンスでそのデータを変更するだけで、Google Chartsのグラフをリアルタイムに変更する仕組みを作れます（図7.3）。

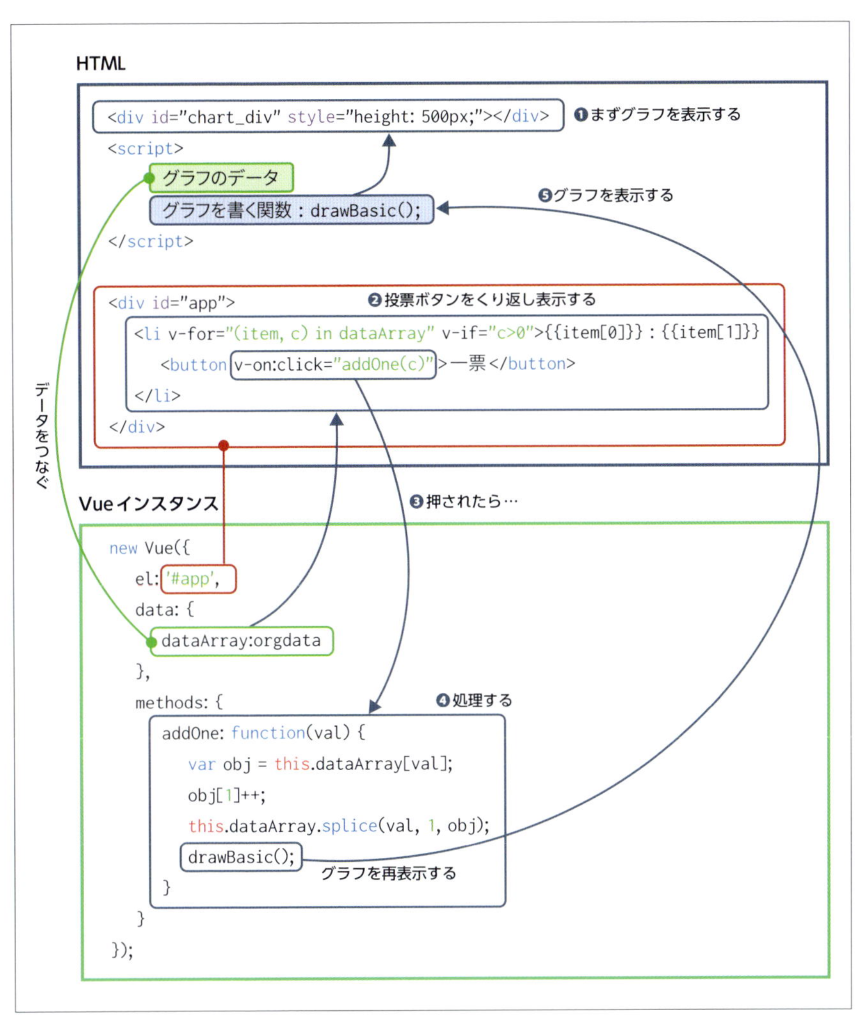

▲図7.3：図で見てわかるまとめ

書き方のおさらい

Google Chartsでグラフを表示するとき

❶ Google Chartsライブラリを CDN でインストールします。

HTML

```html
<script type="text/javascript" src="https://www.gstatic.com/charts/⏎
loader.js"></script>
```

❷ グラフに使うデータを用意します。

JS

```javascript
var orgdata = [
   ['種類', '個数'],
   ['幕の内', 3], ['カルビ弁当', 4], [ 'オムライス', 5],
   ['冷やし中華', 1], ['ビビンバ丼', 3], [ 'ざるそば', 1]
 ];
```

❸ どのようなグラフを書くのかを指定した関数を用意します。

JS

```javascript
var data = google.visualization.arrayToDataTable(orgdata);
var options = {title: '好きなランチ',"is3D": true};
var chart = new google.visualization.PieChart(
   document.getElementById('chart_div'));
```

❹ グラフを表示する命令を実行します。

JS

```javascript
chart.draw(data, options);
```

Chapter 8

データの変化を監視するとき

01 データを使って別の計算をする：算出プロパティ

新しい計算の方法を学びましょう。

これまでは基本的に「データの値をそのまま」使っていました。

もしも、計算したデータの値を表示させたり、文字を追加して表示したい場合は、マスタッシュタグの中に、JavaScriptの式を書くことで実現できました。

HTML
```
<p>{{ myPrice * 1.10 }}</p>
<p>{{ "こんにちは、"+ myName + "さん" }}</p>
<p>{{ myName.substr(0,1) }}</p>
```

しかし、HTMLにいきなりこのような式が書かれていたら、「これは何をしているのだろう？」と考えなくてはいけなくなります。JavaScript側のプログラムと、この要素と全体の関係がばっちり頭の中に入っている人であればすぐわかりますが、普通はプログラムを見ていかなければわかりません。

本当はHTMLだけを見て、何が表示されるのかがわかるほうがいいですね。

HTMLを見れば「**何を表示するのか**」がわかる、JavaScriptを見れば「**具体的にどんな処理をするのか**」がわかると、役割を分けて作ることがわかりやすさにつながります。さらに、CSSを見れば「**どんな装飾をするのか**」がわかります（図8.1）。

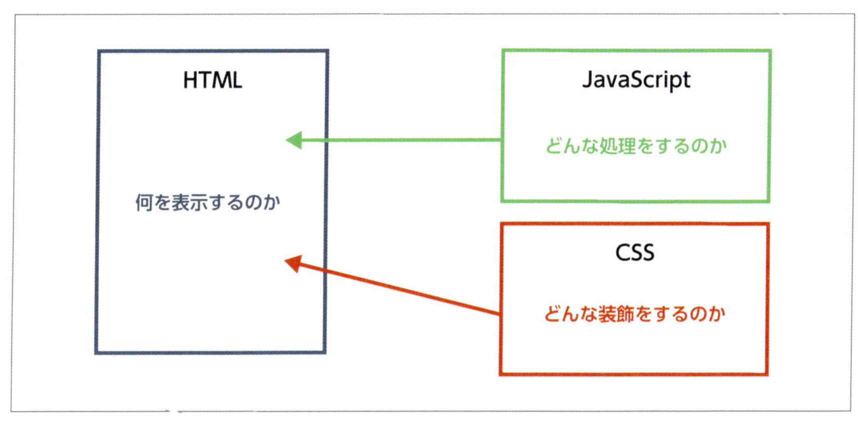

▲図8.1：HTML、JavaScript、CSSの役割分担

同じように、データを使って別の計算をしたいときは、マスタッシュタグの中に「JavaScriptの式」を書くのではなく「何を表示するか」を書くほうがわかりやすくなります。それを「名前」で表したものが「**computedオプション（算出プロパティ）**」です。

データの値を計算して使うときは、computed

HTMLに「**その値を表す名前**」として算出プロパティを記述すれば、「何をするのかが、見るだけでわかる」ようになります。

たとえば、「taxIncluded」と書いてあったら、税込み金額が表示されるんだな。「sayHello」と書いてあったら、あいさつが表示されるんだな。「nameInitials」と書いてあったら、頭文字が表示されるんだな、とHTMLを見るだけで予想がつくようになります。

HTML
```
<p>{{ taxIncluded }}</p>
<p>{{ sayHello }}</p>
<p>{{ nameInitials }}</p>
```

また、**computedオプション**は、マスタッシュタグの中に書くのと違い、何行でも処理を書くことができるので複雑な処理を行うことができます。

書き方は、Vueインスタンスの「data:」、「method:」に並べて「computed : { computedプロパティ名 }」と書きます。この中には、「computedプロパティ名: function() { 処理内容 }」という書式で追加していきます。もし複数ある場合は、カンマ区切りで並べることができます。

書式 算出プロパティを作る

JS
```
new Vue({
  el: "#ID名",
  data:{
    プロパティ名:値,
    プロパティ名:値
  },
  computed: {
    computedプロパティ名: function() {
      処理内容
    },
    computedプロパティ名: function() {
      処理内容
    }
  }
})
```

▶ 金額を入力したら、消費税込みの金額を計算する例：computedtest1.html

computedオプションを使って、入力した数値から別の値を計算して表示させてみましょう。金額を入力したら、消費税込みの金額を計算して表示してくれるプログラムです。

まず、input要素に「v-model.number="price"」と指定して、入力された数値が「price」に入るようにします。そのデータから算出した税込み金額を「{{taxIncluded }}」とプロパティ名だけ書いて表示してみましょう。

HTML
```
<div id="app">
  <input v-model.number="price" type="number">円
  <p>消費税込みの金額 {{ taxIncluded }}円</p>
</div>
```

Vueインスタンスの「data:」に「price」というプロパティを用意して、値に100を入れておきます。

「computed:」に、「priceが変わったら、消費税込み金額を算出」する「taxIncluded」プロパティを用意します。ここにfunctionを用意して、this.priceを1.10倍にした値を返すようにします。

JS

```
<script>
  new Vue({
    el: '#app',
    data: {
      price: 100
    },
    computed: {
      // priceが変わったら、消費税込み金額を算出する
      taxIncluded: function() {
        return this.price * 1.10;
      }
    }
  })
</script>
```

実行してみましょう。金額が入力されたらpriceの値が変わり、priceを使って処理しているtaxIncludedのプロパティの値も自動的に変化して、消費税込み金額として表示されるのがわかります（図8.2❶❷）。

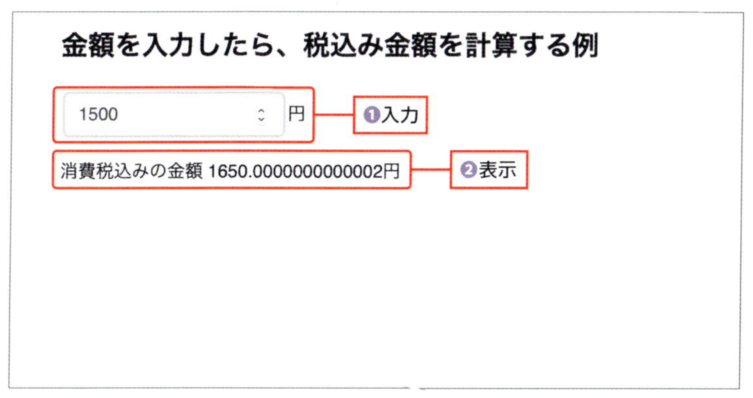

▲図8.2：金額を入力したら、消費税込みの金額を計算する

▶ 単価と個数を入力したら、税込み金額を計算する例：computedtest2.html

同じように、単価と個数を入力したら税込み金額を計算するプログラムを作ってみましょう。

input要素に「v-model.number="price"」と指定して、入力した金額が「price」に入るようにします。また「v-model.number="count"」と指定して、入力した個数が「count」に入るようにします。そのデータから算出した合計金額を「{{ sum }}」と表示し、さらに消費税込み金額を「{{ taxIncluded }}」とプロパティ名だけ書いて表示します。

HTML
```html
<div id="app">
  <input v-model.number="price" type="number">円 x
  <input v-model.number="count" type="number">個
  <p>      合計 {{ sum }} 円</p>
  <p>税込み合計 {{ taxIncluded }} 円</p>
</div>
```

Vueインスタンスの「data:」に「price」「count」というプロパティを用意します。

「computed:」に、「priceかcountが変わったら合計金額を算出」する「sum」プロパティを用意します。ここにfunctionを用意して、this.priceとthis.countを掛けた値を返すようにします。

また、「合計金額が変わったら、消費税込み金額を算出」する「taxIncluded」プロパティを用意します。ここにfunctionを用意して、this.sumを1.10倍した値を返すようにします。

JS
```js
<script>
  new Vue({
    el: '#app',
    data: {
      price: 100,
      count: 1
    },
    computed: {
      // priceかcountが変わったら、合計金額を算出する
      sum: function () {
```

```
        return this.price * this.count;
      },
      // 合計金額が変わったら、消費税込み金額を算出する
      taxIncluded: function() {
        return this.sum * 1.10;
      }
    }
  })
</script>
```

実行してみましょう。単価と個数を入力すると、priceやcountの値が変わり、priceやcountを使って処理しているsumプロパティとtaxIncludedプロパティの値も自動的に変化して、消費税込み金額として表示されるのがわかります（図8.3❶❷）。

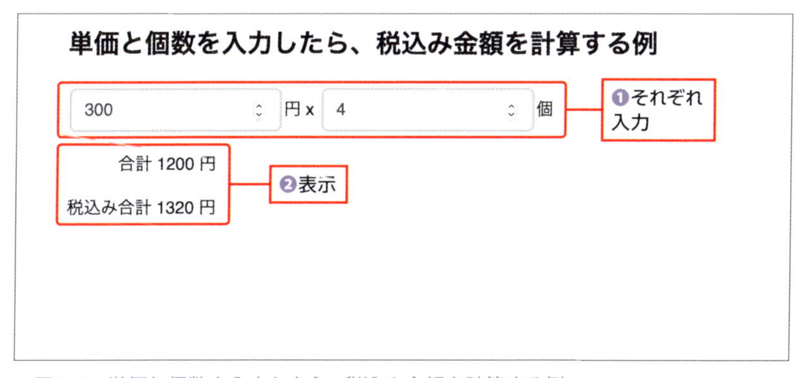

▲図8.3：単価と個数を入力したら、税込み金額を計算する例

▶ 文章を入力したら、残りの文字数を表示する例：computedtest3.html

データから「文字列を算出」することもできます。

文章を入力すると、残りの文字数を表示するプログラムを作ってみましょう。さらに、残りの文字数が少なくなったら文字の色も変わるようにしてみます。

textarea要素に「v-model="myText"」と指定して、入力した文字列が「myText」に入るようにします。そのデータから算出した「computedColor」を使って「v-bind:style="{color: computedColor}"」と文字色を指定し、残り文字数を「{{ remaining }}」とプロパティ名だけ書いて表示します。

```html
<div id="app">
  <p>ご感想は、140文字以内でご入力ください。</p>
  <textarea  v-model="myText"></textarea>
  <p v-bind:style="{color: computedColor}">残り {{ remaining }} 文字⏎
です。</p>
</div>
```


Vueインスタンスの「data:」に「myText」というプロパティを用意します。

「computed:」に、「myTextの長さが変わったら、残りの文字数を算出」する「remaining」プロパティを用意します。ここにfunctionを用意して、140（最大値）からthis.myText.lengthを引いた値を返すようにします。

また、「remainingが変わったら文字色を算出」する「computedColor」プロパティを用意します。ここにfunctionを用意して、this.remainingの値によって、緑色（green）、オレンジ色（orange）、赤色（red）の値をcolに入れて返すようにします。

```js
<script>
  new Vue({
    el: '#app',
    data: {
      myText:'今日は、いい天気です。'
    },
    computed: {
      // myTextの長さが変わったら、残りの文字数を算出する
      remaining: function() {
        return 140 - this.myText.length;
      },
      // remainingが変わったら、computedColorを算出する
      computedColor: function() {
        col = "green";
        if (this.remaining < 20) {
          col = "orange";
        }
        if (this.remaining < 1) {
          col = "red";
        }
        return col;
      }
    }
```

```
  })
</script>
```

実行してみましょう。文章を入力すると、残りの文字数が表示され、その文字数によって文字の色が緑色、オレンジ色、赤色と変化するのがわかります（図8.4❶❷、図8.5❶❷、図8.6❶❷）。

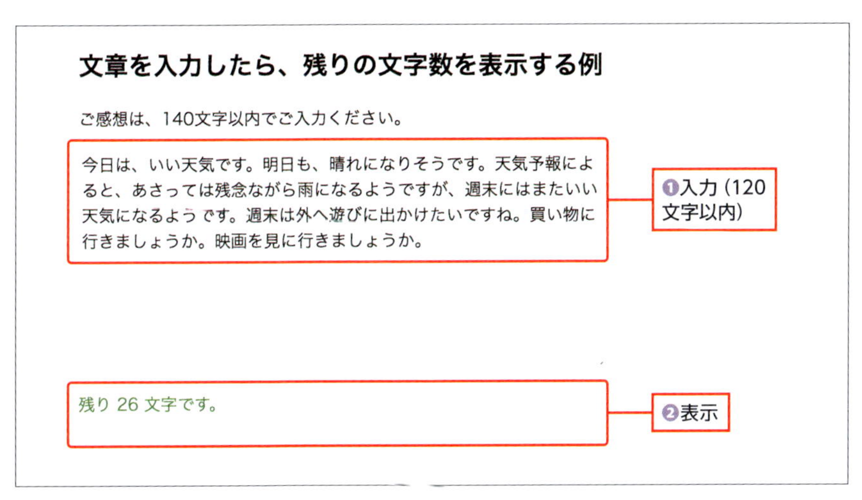

▲図8.4：緑色で残り文字数を表示する

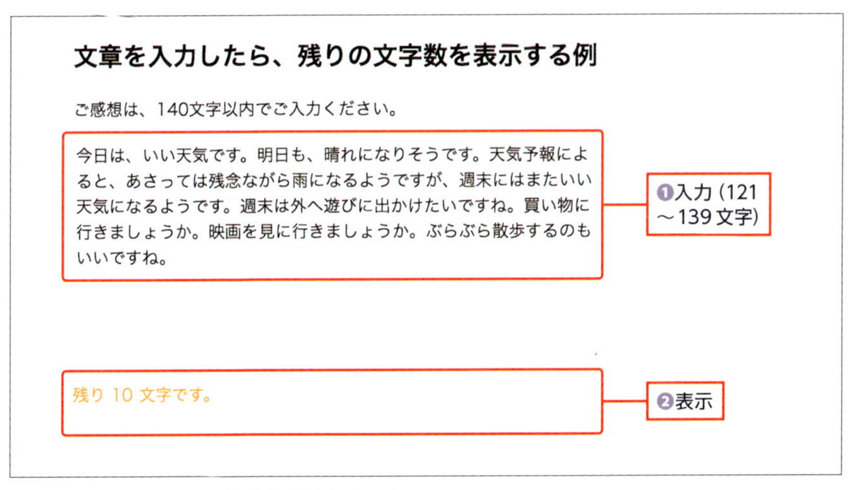

▲図8.5：オレンジ色で残り文字数を表示する

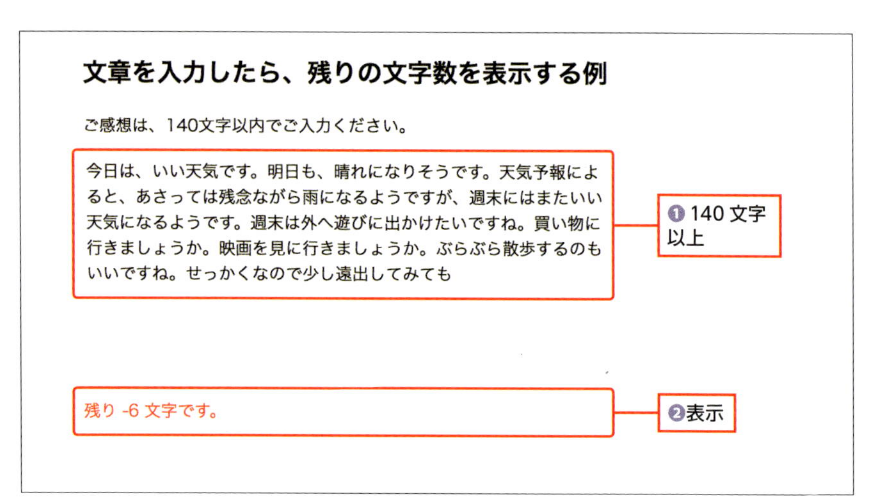

▲図8.6：赤色で残り文字数を表示する

▶ 文字を入力すると、その文字を含む項目だけ表示される例：computedtest4.html

データから「配列を算出」することもできます。その配列を使ってリストを表示させれば、データを変えるだけで自動的にリストが増えたり減ったりするようになります。

では、検索する文字を入力すると、その文字を含むリストだけ表示されるようにしてみましょう。

input要素に「v-model="findWord"」と追加して、入力された文字列が「findWord」に入るようにします。li要素に「v-for="item in findItems"」と追加して、検索結果の「findItems」の配列を表示させます。

```html
<div id="app">
  <input v-model="findWord">
  <ul>
    <li v-for="item in findItems">{{item}}</li>
  </ul>
</div>
```

Vueインスタンスの「data:」に、検索用の「findWord」プロパティと、配列データ用の「items」プロパティを用意します。

「computed:」に、「findWordが変わったら、その文字が含まれるリストを算出」する「findItems」プロパティを用意します。ここにfunctionを用意して、「findWord」の文字が含まれるリストだけを作って返すようにします。さらに、もし「findWord」が空のときは、元のリストをそのまま返すようにもしておきます。

JS

```
<script>
  new Vue({
    el: "#app",
    data: {
      findWord:'',
      items:['桃太郎','花咲かじいさん','浦島太郎','かぐや姫','かちかち山']
    },
    computed: {
      // this.findWordが変わったら、その文字が含まれるリストを算出する
      findItems: function() {
        if (this.findWord) {
          return this.items.filter(function(value) {
            return (value.indexOf(this.findWord) > -1);
          }, this);
        } else {
          // this.findWordが空のときは、リストをそのまま返す
          return this.items;
        }
      }
    }
  })
</script>
```

実行してみましょう。たとえば「か」と入力すると「か」の文字が含まれる項目だけのリストに変わるのがわかります（図8.7、図8.8❶❷）。

文字を入力すると、その文字を含む項目だけ表示される例

- 桃太郎
- 花咲かじいさん
- 浦島太郎
- かぐや姫
- かちかち山

▲図8.7：文字を入力すると、その文字を含む項目だけ表示される（初期画面）

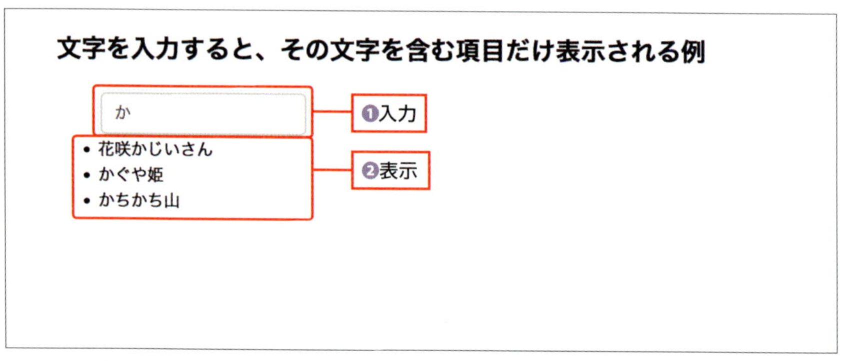

▲図8.8：「か」を含むものだけが表示された

▶ 赤緑青のスライダーを動かしたら、できた色を表示する例：computedtest5.html

「複数のデータから1つの値を算出」することもできます。

赤色（R）、緑色（G）、青色（B）の値を調整する3つのスライダーを用意して、できた色を表示してみましょう。スライダーの作成には、input要素のrangeが使えます。

p要素のスタイル（style）に「`v-bind:style="{backgroundColor: mixColor}"`」と追加して背景色が変わるようにします。また、その値を「`{{ mixColor }}`」と表示させます。

用意したR、G、Bの3種類のスライダーに、「`v-model="R"`」と追加して、入力された値が「R」に入るようにします。同様にしてG、Bについても用意します。最小値（min）は0、最大値（max）は255にします。

HTML

```
<div id="app">
  <p v-bind:style="{backgroundColor: mixColor}"/>{{ mixColor }}</p>
  <input type="range" v-model="R"  min="0" max="255"/><br>
  <input type="range" v-model="G"  min="0" max="255"/><br>
  <input type="range" v-model="B"  min="0" max="255"/><br>
</div>
```

Vueインスタンスの「data:」に、検索用の「R」「G」「B」プロパティを用意します。

「computed:」に、「RかGかBの値が変わったら、できた色を算出」する「mixColor」プロパティを用意します。ここにfunctionを用意して、スタイルで使えるように「RGB(赤,緑,青)」の書式の文字列にして返すようにします。

JS

```
<script>
  new Vue({
    el: "#app",
    data: {
      R:255,
      G:150,
      B:100
    },
    computed: {
      // RかGかBの値が変わったら、できた色を算出する
      mixColor: function() {
        var ans = "RGB("+this.R+","+this.G+","+this.B+")";
        return ans;
      }
    }
  })
</script>
```

実行してみましょう。スライダーを動かすと、背景色ができた色に変わるのがわかります（図8.9❶❷）。

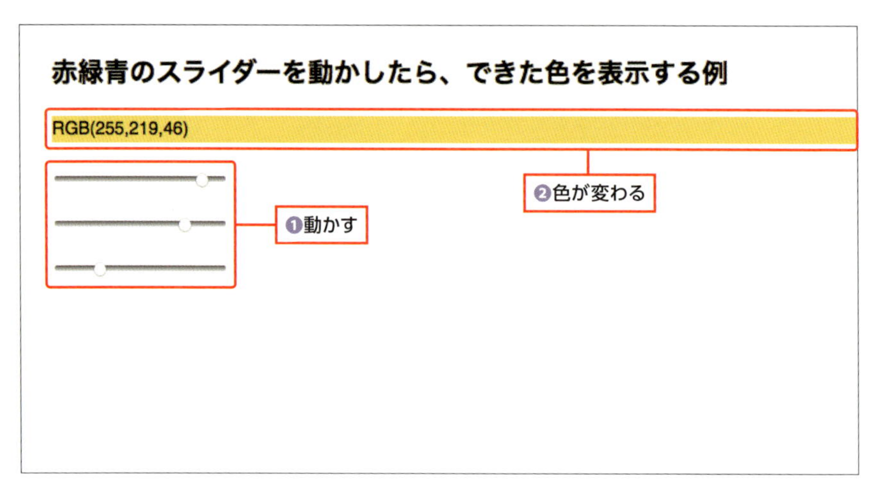

▲図8.9：赤緑青のスライダーを動かしたら、できた色を表示する

02 データの変化を監視する：監視プロパティ

変化があったら処理を実行する方法を学びましょう。

データや変数の値が変わったときに、何かの処理をするには「**watchオプション（監視プロパティ）**」を使います。タイマーや、非同期な値など、自動的に変化する値などを監視する場合にも使います。

データの変化を監視するときは、watch

▶ 入力文字を監視して、禁止文字が入力されたらアラートを出す例：watchtest1.html

入力する文字を監視して、禁止文字が入力されたらアラートを出して、その文字を削除してみましょう。

p要素で、事前に決めておいた禁止文字（今回は「だめ」）を表示させます。禁止文字を入れるforbiddenTextを用意して「{{ forbiddenText }}」とマスタッシュタグで表示させます。

textarea要素に「v-model="inputText"」と指定して、入力した文字列が「inputText」に入るようにします。

HTML
```
<div id="app">
  <p>禁止文字は、「{{ forbiddenText }}」</p>
  <textarea v-model="inputText"></textarea>
</div>
```

Vueインスタンスの「data:」に、禁止文字を入れる「forbiddenText」プロパティと、入力された文章を入れる「inputText」プロパティを用意します。

「watch:」に、「inputTextを監視するメソッド」を用意します。変化があったとき、禁止文字が含まれていたら、アラートを出して、文字列から禁止文字以降の文字を削除します。

JS

```
<script>
  new Vue({
    el: '#app',
    data: {
      forbiddenText: 'だめ',
      inputText: '今日は、天気です。'
    },
    watch: {
      // 入力された文字列を監視する
      inputText: function(){
        var pos = this.inputText.indexOf(this.forbiddenText);
        if (pos >= 0) {
          alert(this.forbiddenText + "は、入力できません。");
          // 入力文字列から禁止文字を削除する
          this.inputText = this.inputText.substr(0,pos);
        }
      }
    }
  })
</script>
```

実行してみましょう。普通に文章を入力できますが、「だめ」と入力するとアラートが表示されて入力できないのがわかります（図8.10❶❷）。

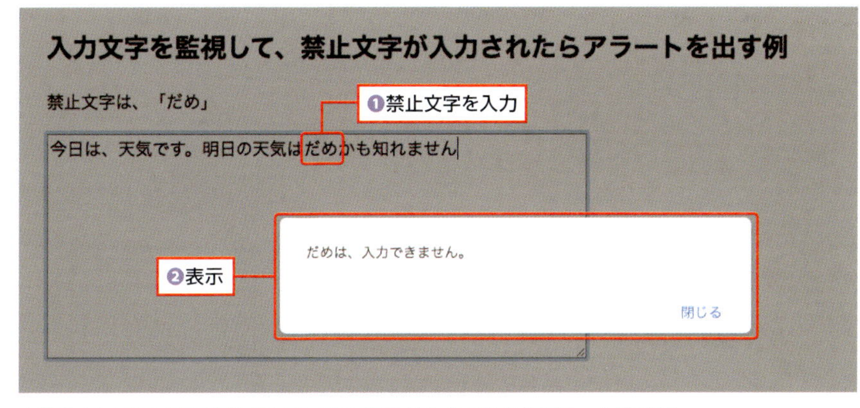

▲図8.10：入力文字を監視して、禁止文字が入力されたらアラートを出す

タイマーを作る

watchオプションは「時間を監視する」こともできます。

▶ 残り秒数が0になったら、アラートを出す例：timerTest.html

まずは、「setInterval」メソッドを使って、タイマーを作ってみましょう。「START」ボタンをクリックすると5秒後にアラートが表示されるプログラムです。

ボタンをクリックすると、「startTimer」メソッドが呼び出され、「setInterval」で1秒（1000ミリ秒）ごとに、「countDown」メソッドを実行するようになります。

「countDown」メソッドの中では、1秒ずつ減らしていき、0秒以下になったらアラートを出して、タイマーを停止します。

HTML

```
<body>
  <h2>残り秒数が0になったら、アラートを出す例</h2>
  <button onclick="startTimer()">START</button>

  <script>
    function startTimer() {
      // 残り5秒
      this.restSec = 5;
      // タイマースタート。1秒（1000ミリ秒）ごとに、countDown()を実行
      this.timerObj = setInterval(() => { countDown() }, 1000)
    }
    function countDown() {
```

```
        // 1秒減らす
        this.restSec --;
        // 0秒以下になったらアラート&タイマー停止
        if (this.restSec <= 0) {
          alert("制限時間です。");
          clearInterval(this.timerObj);
        }
      }
    </script>
  </body>
```


実行してみましょう。「START」ボタンをクリックすると、5秒後にアラートが表示されるのがわかります（図8.11❶❷）。これは、いきなり5秒後にアラートが表示されるだけなので、watchオプションを使ってカウントダウンする秒数を表示するように改造してみましょう。

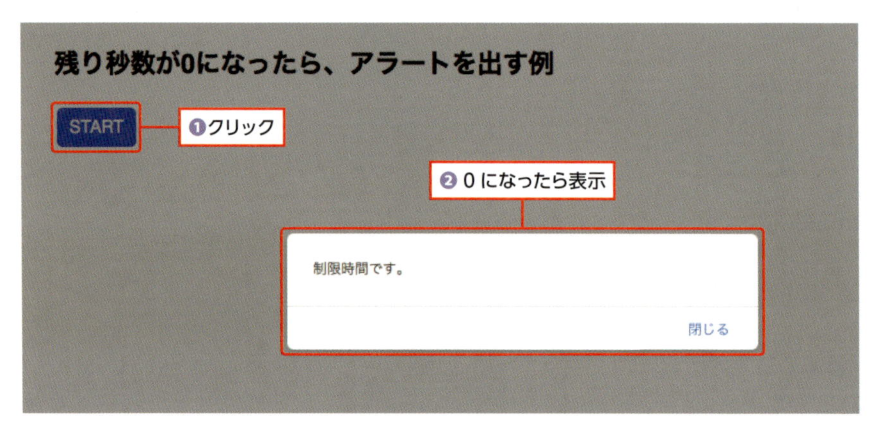

▲図8.11：残り秒数が0になったら、アラートを出す

▶ 残りの秒数を監視して表示し、0秒になったらアラートを出す例：watchtest2.html

Vue.jsのwatchオプションを使って、カウントダウンする秒数を表示し続け、0秒になったらアラートを出すように改造してみます。

p要素で「あと、{{ restSec }}秒」と表示します。このrestSecにはカウントダウンするデータが入っていて変化します。

button要素には、「クリックしたらstartTimerを実行する」ように「v-on:click

="startTimer"」と指定します。

HTML
```
<div id="app">
  <p>あと、{{ restSec }}秒<br>
  <button v-on:click="startTimer">START</button>
</div>
```

Vueインスタンスの「data:」に、残り秒数を入れる「restSec」プロパティと、タイマーオブジェクトを入れる「timerObj」プロパティを用意します。

「methods:」に、タイマーをスタートさせる「startTimer」メソッドを用意します。残り秒数を5にしてから、1秒（1000ミリ秒）ごとに、1秒減らすタイマーをスタートします。

「watch:」に、残り秒数（restSec）を監視する「restSec」メソッドを用意します。変化があったとき、0秒以下になったらアラートを出してタイマーを停止します。

JS
```
<script>
  new Vue({
    el: '#app',
    data: {
      restSec: 5,
      timerObj:null,
    },
    methods: {
      startTimer:function() {
        // 残り5秒
        this.restSec = 5;
        // タイマースタート。1秒（1000ミリ秒）ごとに、1秒減らす
        this.timerObj = setInterval(()=> { this.restSec-- }, 1000)
      }
    },
    watch: {
      // 残り秒数を監視する
      restSec: function() {
        // 0秒以下になったらアラート&タイマー停止
        if (this.restSec <= 0) {
          alert("制限時間です。");
          clearInterval(this.timerObj);
        }
      }
```

```
    }
  })
</script>
```

実行してみましょう。「START」ボタンをクリックすると、1秒ごとに表示が変わり（図8.12❶❷）、5秒後にアラートが表示されるのがわかります（図8.13❶❷）。

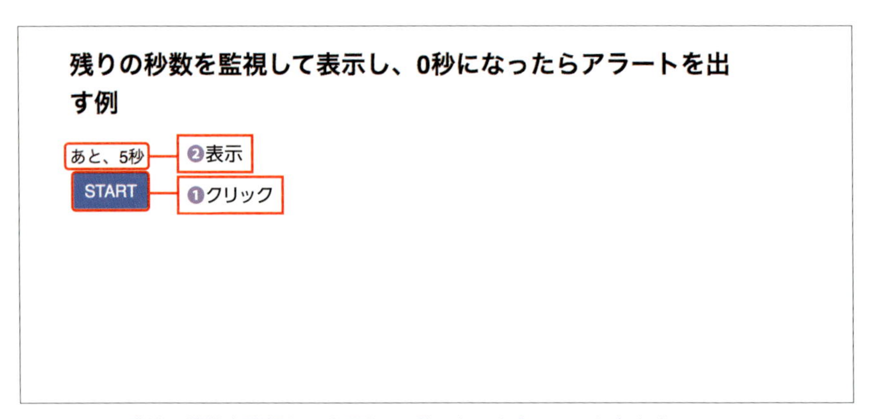

▲図8.12：残りの秒数を監視して表示し、0秒になったらアラートを出す

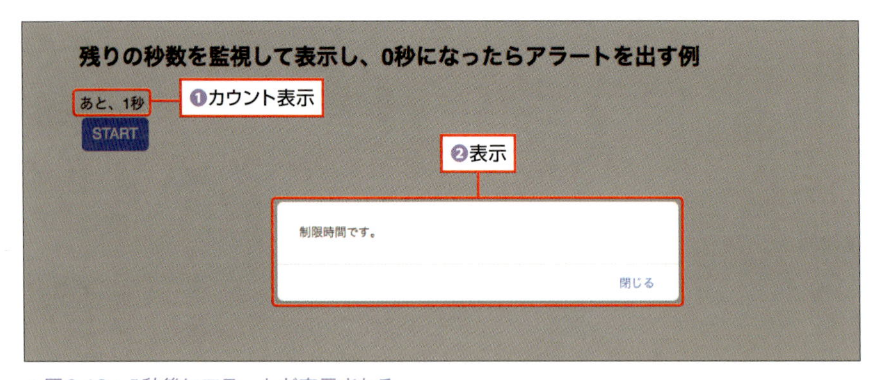

▲図8.13：5秒後にアラートが表示される

0秒のタイミングでアラートが出ますが、表示は「あと、1秒」となっています。「あと、0秒」の表示は、アラートを閉じたあとに表示されます。

TweenMaxライブラリを使う

watchオプションは「アニメーションを監視する」こともできます。

たとえば、JavaScriptでアニメーションを作るのに便利な「**TweenMax**」というライブラリがありますが、これを使うと「データの変化」もアニメーションにすることができます。

書式 TweenMaxライブラリのCDNの指定方法

HTML

```
<script src="https://cdnjs.cloudflare.com/ajax/libs/gsap/1.19.1/⏎
TweenMax.min.js"></script>
```

▶ TweenMaxのテスト：tweenMaxTest.html

TweenMaxのテストとして、「移動」ボタンをクリックしたらx座標が500pxの位置まで移動するプログラムを作ってみましょう。

myMoveメソッドは、TweenMax.toメソッドで「#movebtn」という要素を、1秒かけて、xプロパティを500pxまで変化させます。

HTML

```
<body>
  <h2>TweenMaxのテスト</h2>
  <button id="movebtn" type="button" onclick="myMove()">移動</button>
  <script src="https://cdnjs.cloudflare.com/ajax/libs/gsap/1.19.1/
⏎TweenMax.min.js"></script>
  <script>
    function myMove() {
      // movebtnのxプロパティを1秒で500に増やす
      TweenMax.to('#movebtn', 1, {x: "500px"} );
    }
  </script>
</body>
```

実行してみましょう。「移動」ボタンをクリックすると、ボタンのx座標が、1秒かけて500pxの位置まで移動するのがわかります（図8.14❶❷）。

▲図8.14：TweenMaxのテスト

▶ 数字がクルクルとアニメーションをしながら値が増えるinput要素の例：watchtest3.html

今度は、TweenMaxライブラリとVue.jsのwatchオプションを使って、「数字がクルクルとアニメーションをしながら値が増えるinput要素」を作ってみましょう。

まずは、HTMLのhead要素に、TweenMaxライブラリの読み込みを指定します。

```html
<head>
  <meta charset="UTF-8">
  <title>Vue.js sample</title>
  <link rel="stylesheet" href="style.css" >
  <script src="https://cdn.jsdelivr.net/npm/vue@2.5.17/dist/vue.js">⏎
</script>
  <script src="https://cdnjs.cloudflare.com/ajax/libs/gsap/1.19.1/⏎
TweenMax.min.js"></script>
</head>
```

p要素で、「{{ animeNumber }}」とプロパティ名を書いて値を表示します。この値がアニメーションで変化していきます。

input要素に「v-model.number="myNumber"」と指定して、入力された数値が「myNumber」に入るようにします。

HTML

```
<div id="app">
  <p>値は、{{ animeNumber }}です。</p>
  <input v-model.number="myNumber" type="number">
</div>
```

Vueインスタンスの「data:」に、ユーザーが入力した数値を入れる「myNumber」プロパティと、アニメーションしながら増えていく数値を入れる「tweenedNumber」プロパティを用意します。

「watch:」には、「myNumber」プロパティを監視するメソッドを用意します。myNumberに変化があったとき、このデータ「this.$data」のtweenedNumberをthis.myNumberの値まで、1秒かけて変化させます。

「computed:」には、「tweenedNumberが変わったら、小数を切り捨てた値を算出」する「animeNumber」プロパティを用意します。ここにfunctionを用意して、this.tweenedNumberに「toFixed(0)」を追加して、小数点以下を切り捨てた値を返すようにします。

JS

```
<script>
  new Vue({
    el: "#app",
    data: {
      myNumber: 0,
      tweenedNumber: 0
    },
    watch: {
      // myNumberを監視して、もし値が変わったら実行する
      myNumber: function() {
        // dataのtweenedNumberプロパティを1秒でmyNumberまで増やす
        TweenMax.to(this.$data, 1, {tweenedNumber: this.myNumber})
      }
    },
    computed: {
      // tweenedNumberが変わったら、変化中のanimeNumberを算出する
      animeNumber: function() {
        return this.tweenedNumber.toFixed(0);
```

```
      }
    }
  })
</script>
```

実行してみましょう。数値を入力すると、1秒かけて、その数値まで値が増減するのがわかります（図8.15❶❷）。

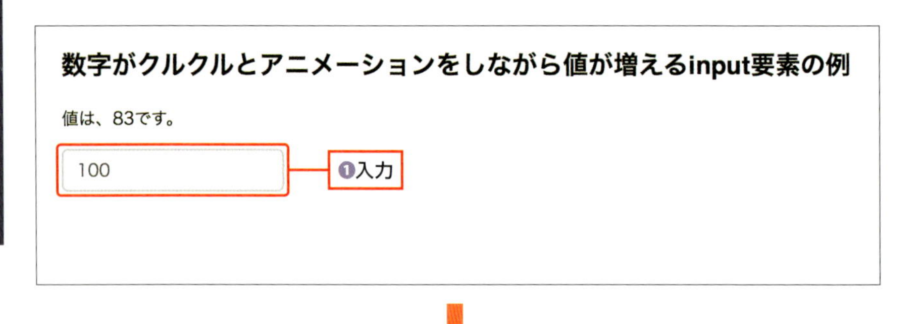

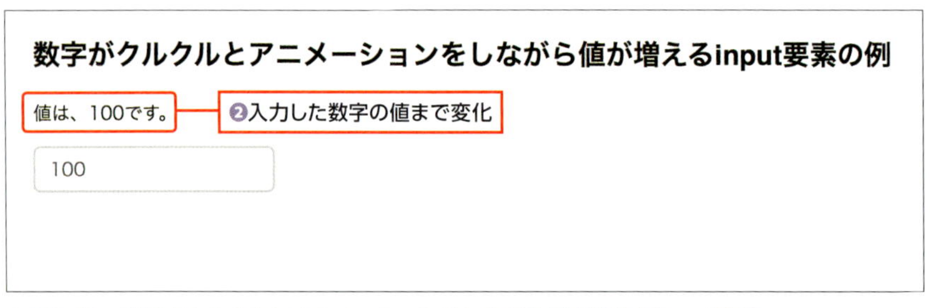

▲図8.15：数字がクルクルとアニメーションをしながら値が増えるinput要素

03 まとめ

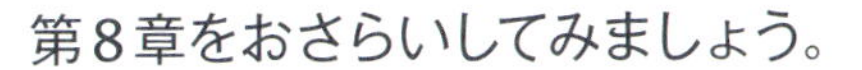

図で見てわかるまとめ

あるデータの値が変化したとき、自動的に再計算させるには、computedオプションを使います。

Vueインスタンスの「computed:」に、「data:」のプロパティを使った計算式を用意しておくと、プロパティの値が変化したとき、自動的に再計算するようになります。

このとき、データの値を変更できるinput要素などを用意しておけば、ユーザーが値を入力すれば、リアルタイムに値を計算し直して表示されるようになります（図8.16）。

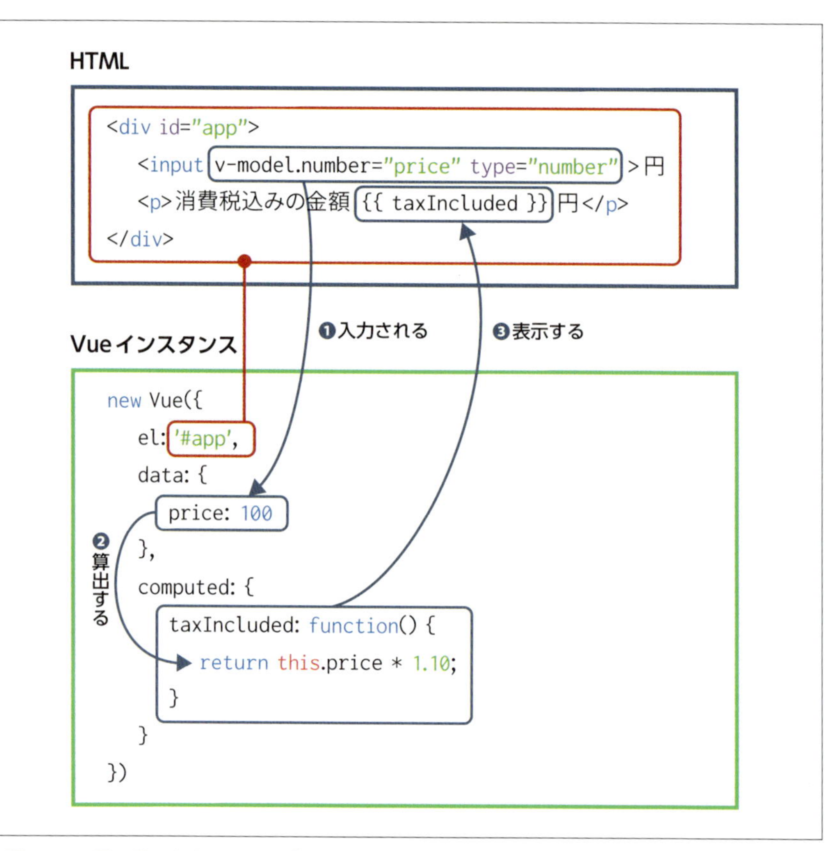

▲図8.16：図で見てわかるまとめ［computed］

あるデータの値が変化したとき、自動的にメソッドを再実行させるには、**watch**オプションを使います。

Vueインスタンスの「watch:」に、「data:」のプロパティを使ったメソッドを用意しておくと、プロパティの値が変化したとき、自動的に再実行するようになります。

このとき、データの値を変更できるtextarea要素などを用意しておけば、ユーザーが入力した文字をリアルタイムに再チェックするようなことができます。

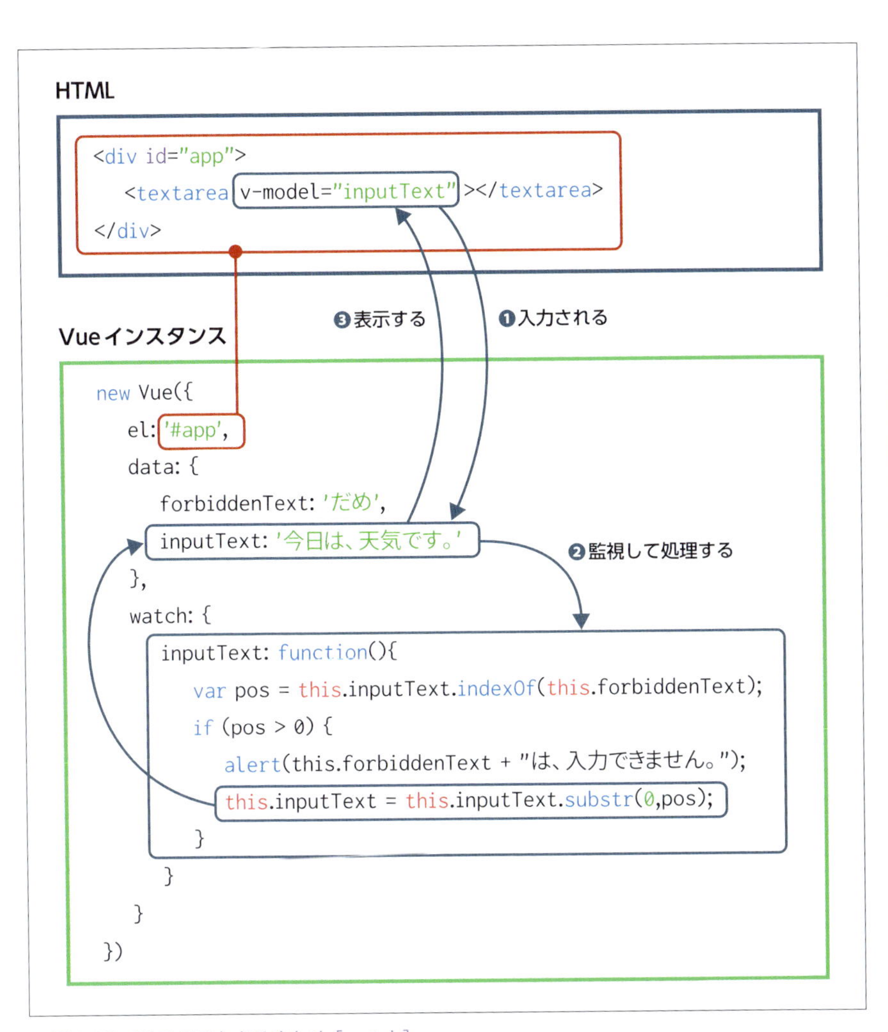

▲図8.17：図で見てわかるまとめ［watch］

書き方のおさらい

データが変化したら、自動的に再計算するとき

❶ HTMLで表示させたいところに「{{ プロパティ名 }}」と指定します。

```
HTML
<p> {{ taxIncluded }} 円</p>
```

❷ Vueインスタンスの「computed:」に、データが変化したら再計算する計算式を用意します。

```
JS
computed: {
  taxIncluded: function() {
    return this.price * 1.10;
  }
}
```

データが変化したら、自動的にメソッドを再実行するとき

❶ HTMLのtextarea要素などに、「v-model="メソッド名"」と指定します。

```
HTML
<textarea v-model="inputText"></textarea>
```

❷ Vueインスタンスの「data:」にそのプロパティを用意し、さらに「watch:」に、そのプロパティが変化したら再実行するメソッドを用意しておきます。

```
JS
data: {
  inputText:''
},
watch: {
  inputText: function(){
    // 再実行するメソッド
  }
}
```

Chapter 9

Markdownエディタを作ってみよう

01 Markdownエディタとは？

Markdown記法がわかるエディタを
作ってみましょう。

Markdown記法という、文章やドキュメントを手軽に書ける「文章の書き方」があります。簡単な記号を使って見出しや強調などを表せて、それをHTMLに変換することができます。手っ取り早く文章をMarkdown記法で書いておいて、あとからHTMLに変換してネットにアップするといった使われ方をすることがよくあります（表9.1）。

▼表9.1：MarkdownとHTMLの対応表

項目	Markdown	HTML
見出し1	# text	<h1>text</h1>
見出し2	## text	<h2>text</h2>
見出し3	### text	<h3>text</h3>
見出し4	### text	<h4>text</h4>
見出し5	### text	<h5>text</h5>
番号なしリスト	- text	<ul><li>text</li></ul>
番号なしリスト	* text	<ul><li>text</li></ul>
強調	*text*	<em>text</em>
強い強調	**text**	<strong>text</strong>
打ち消し線	~~aa~~	<del>text</del>
水平線	----	<hr>
リンク	[text](url)	<a href="url">text</a>

このMarkdown記法で書くときに便利なエディタが「**Markdownエディタ**」です。Markdown形式で文章を書いていくと、リアルタイムにHTMLではどのように表示されるのかをプレビューしてくれるエディタです。

Vue.jsのサイトの「学ぶ」メニューから「例」を選んでみてください。そこに、Markdownエディタのサンプルが載っています。以下では、Markdownエディタをどのように作るのかを紹介します。

Vue.jsのMarkdownエディタの例
URL https://jp.vuejs.org/v2/examples/

Markdownエディタの設計

まずは、どのように作るのかを考えていきましょう。

1. 準備をする

Vueを使うので、Vueライブラリを読み込みます。

今回はMarkdownを使うので、Markdownのライブラリを読み込みましょう。いろいろなライブラリがあります。ここではそのひとつの「**marked.js**」というライブラリを使ってみます。Markdown形式で書いたテキストを渡すと、HTMLに整形した文章を返してくれるという機能を持っています。これも、Vue.jsと同じようにCDNでインストールします。

書式 marked.jsライブラリのCDNの指定方法

HTML
```
<script src="https://cdnjs.cloudflare.com/ajax/libs/marked/0.4.0/⏎
marked.min.js"></script>
```

2. HTML要素を用意する

「文章を入力」して「プレビュー表示」したいので、画面上の部品として「入力欄」と「表示欄」が必要だと考えられます。「textarea要素（入力用）」と、「div要素（プレビュー用）」を用意しましょう。

3. Vueインスタンスを作る

まず、Vueインスタンスを作ります。入力した文章はデータとして取り扱います。そのため、「`data:`」に「`input`」プロパティを用意して、ここに入力した文章を入れましょう。

入力した文章は、そのまま表示するのではなく、その文章をHTMLに変換してから表示させるので、参照プロパティを使います。そこで参照用途として、「`computed:`」に「`convertMarkdown`」というプロパティを用意します。ここにfunctionを用意して、this.inputをHTMLに変換した文字列を返すようにします。

4. つなぎ方を決める

「textarea要素（入力用）」にテキストが入力されたら、inputに入るようにするので「`v-model`」でつなぎます。

「div要素（プレビュー用）」には、convertMarkdownを表示させますが、HTMLとして解釈して表示する必要があるので、「`v-html`」でつなぎます。

02 Markdownエディタを作る

それでは、実際に「Markdownエディタ」を作ってみましょう。

▶ Markdownエディタの例：markdown.html

1. 準備をする

まず、HTMLの外枠から作って準備していきましょう。

head要素に、Vue.jsのライブラリ（vue.js）とmarked.jsライブラリ（marked.min.js）を読み込みます。

HTML

```
<!DOCTYPE html>
<html>
  <head>
    <meta charset="UTF-8">
    <title>vue.js</title>
    <link rel="stylesheet" href="style.css" >
    <script src="https://cdn.jsdelivr.net/npm/vue@2.5.17/dist/↵
vue.js"></script>
    <script src="https://cdnjs.cloudflare.com/ajax/libs/marked/↵
0.4.0/marked.min.js"></script>
  </head>

  <body>
  </body>
</html>
```

2. HTML要素を用意する

body要素に、Vueインスタンスとつながるdiv要素を作ります。「id="app"」と指定します。

textarea要素とdiv要素は、とりあえず仮としてタグだけ作っておきます。

HTML

```
<body>
  <div id="app">
    <textarea></textarea>
    <div></div>
  </div>
</body>
```


3. Vueインスタンスを作る

Vueインスタンスを作ります。「el:」に「'#app'」と指定します。

「data:」に「input」プロパティを用意して、値は空っぽにしておきます。

「computed:」に「convertMarkdown」プロパティを用意します。ここにfunctionを用意して、this.inputの値をMarkdown形式に変換して返すようにします。

JS

```
<script>
  new Vue({
    el: '#app',
    data: {
      input: ''
    },
    computed: {
      // inputが変わったら、convertMarkdownを算出する
      convertMarkdown:function() {
        return marked(this.input);
      }
    }
  });
</script>
```

4. つなぎ方を決める

Vueインスタンスとブラウザとのつなぎ方を決めます。

textarea要素のテキストが「input」に入るようにしたいので「v-model="input"」を追加してつなぎます。

div要素には、「convertMarkdown」の値をHTMLで表示させたいので「v-html="convertMarkdown"」を追加してつなぎます。

HTML

```
<div id="app">
  <textarea v-model="input" ></textarea>
  <div v-html="convertMarkdown"></div>
</div>
```

これで完成です！

実行してみましょう。Markdownでテキストを入力すると、HTMLに変換されたプレビューが表示されるのがわかります（図9.1❶❷）。

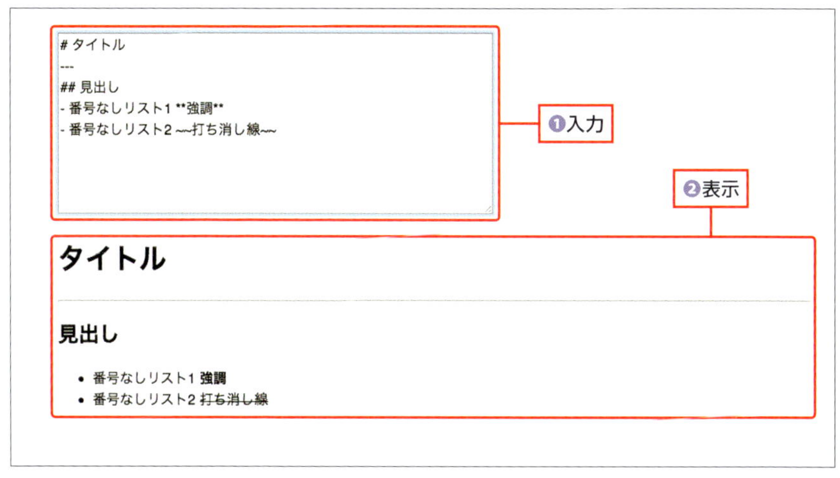

▲図9.1：Markdownエディタでテキストを入力する

最終的にどのようなHTMLになったのか、ここでもう一度見ておきましょう（リスト9.1）。

▼リスト9.1：markdown.html

HTML

```
<!DOCTYPE html>
<html>
  <head>
    <meta charset="UTF-8">
    <title>Vue.js sample</title>
    <link rel="stylesheet" href="style.css" >
    <script src="https://cdn.jsdelivr.net/npm/vue@2.5.17/dist/vue.js" ⏎
></script>
```

```
    <script src="https://cdnjs.cloudflare.com/ajax/libs/marked/0.4.0 ⏎
/marked.min.js"></script>
  </head>

  <body>
    <div id="app">
      <textarea v-model="input" ></textarea>
      <div v-html="convertMarkdown"></div>
    </div>

    <script>
      new Vue({
        el: '#app',
        data: {
          input: ''
        },
        computed: {
          // inputが変わったら、convertMarkdownを算出する
          convertMarkdown:function() {
            return marked(this.input);
          }
        }
      });
  </script>

  </body>
</html>
```

03 まとめ

第9章をおさらいしてみましょう。

図で見てわかるまとめ

Markdownエディタは、「ユーザーが入力したMarkdown記法の文字列」を「HTMLに変換して表示」できるエディタです。

まず、ユーザーがMarkdown記法で入力する部分をtextarea要素で用意します。textarea要素で入力された文字列は、**v-model**を使ってデータとして取り込みます。

Vueインスタンスの「`computed:`」で、ユーザーが入力した文字列をHTMLに変換して返すようにしておきます。

その結果を**v-html**で表示させれば、リアルタイムにプレビューできるMarkdownエディタになります（図9.2）。

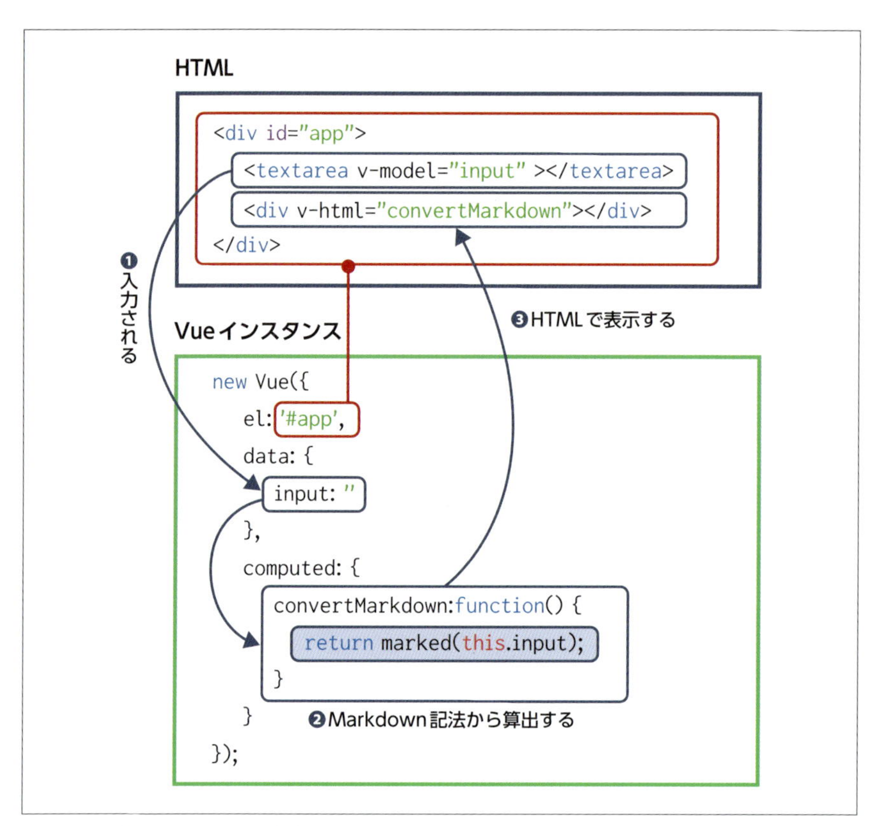

▲図9.2：図で見てわかるまとめ

書き方のおさらい

Markdownで表示するとき

❶ marked.jsライブラリをCDNでインストールします。

```html
<script src="https://cdnjs.cloudflare.com/ajax/libs/marked/0.4.0/⏎
marked.min.js"></script>
```

❷ Markdown記法の文字列をHTMLに変換したいときは、「marked(文字列);」を使い、ここでは文字列の入ったthis.inputを入れます。

```js
marked(this.input);
```

Chapter 10
アニメーションするとき

01 表示／非表示時にアニメーションする：transition

アニメーションを入れて、コンテンツに動的な印象を与えてみましょう。

「ある画面から、別の画面に切り替わること」を**トランジション**といい、切り替わるときにアニメーションで行うことを**トランジションアニメーション**といいます。「**transitionタグ**」を使うと、HTML要素が現れたり消えたりするときに、トランジションアニメーションさせることができます。

> 表示／非表示時にアニメーションするときは、transition

トランジションアニメーションさせたいときに行うことは、以下の2つです。

1. 現れる（または、消える）HTML要素を**transition**タグで囲む
2. どのように変化するのかをCSSで用意する

1. 現れる（または、消える）HTML要素をtransitionタグで囲む

まず、「v-if」を使って現れる（または、消える）HTML要素を用意して、その要素を**transitionタグ**で囲みます。具体的には、表示／非表示が切り替わる要素や、数が増減するリスト要素などです。すると、このタグで囲まれたものが、ブラウザで現れたり消えたりするときに、アニメーションを行うようになります。

書式　単体要素のトランジション

```html
<transition>
  <div v-if="isOK">表示／非表示が切り替わる</div>
</transition>
```

2. どのように変化するのかをCSSで用意する

しかしこのままでは、アニメーションは起こりません。「どのように変化するのか」をCSSで用意する必要があります。

CSSスタイルで「どのようなタイミングで、どのように変化するのか」を指定します。

CSSスタイル

要素が現れるとき

- .v-enter：現れる前の状態
- .v-enter-active：現れている最中
- .v-enter-to：現れたときの状態

要素が消えるとき

- .v-leave：消える前の状態
- .v-leave-active：消えている最中
- .v-leave-to：消えたときの状態

要素が移動するとき

- .v-move：要素が移動するとき

たとえば、「要素が現れるとき、1秒でフェードインする」アニメーションなら、まず「現れる前の状態」を透明にしておきます。「現れる前の状態（.v-enter）は、透明（opacity:0）」と指定します。そしてフェードインには1秒かかるので「現れている最中（.v-enter-active）にかかる時間を1秒（transition:1s）」と指定します。

CSS
```
.v-enter {
  opacity: 0;
}
.v-enter-active {
  transition: 1s;
}
```

メモ 現れたときの状態

現れたときの状態（.v-enter-to）は、普通の状態なので設定していません。

▶ チェックボックスで表示／非表示をアニメーションする例：transtest1.html

チェックボックスで表示／非表示を行うとき、トランジションアニメーションをさせてみましょう。

チェックボックスに「v-model="isOK"」と指定すると、ON/OFFが「isOK」に入ります。それを使ってp要素に「v-if="isOK"」と指定すると、チェックボックスがONのときだけ表示されるようになります。この、表示／非表示を行うp要素を**transitionタグ**で囲んで、アニメーションさせたいと思います。

HTML
```
<div id="app">
  <label><input type="checkbox" v-model="isOK">切り換える</label>
  <transition>
    <p v-if="isOK">表示、非表示のアニメ</p>
  </transition>
</div>
```

Vueインスタンスの「data:」に、「isOK」を用意して、値をfalseにしておきます。

JS
```
<script>
  new Vue({
    el: '#app',
    data: {
```

```
      isOK: false
    }
  })
</script>
```

最後にCSSを設定します。「現れるときと、消えるときに、0.5秒かけて、少し下から上がってきながらフェードイン（フェードアウト）する」アニメーションを設定します。

「現れている最中と、消えている最中にかかる時間は、0.5秒」なので、「.v-enter-active, .v-leave-active」に「transition: 0.5s;」と指定します。

「現れる前の状態と、消えたときの状態は、透明度0で、下へ20ピクセル移動したところ」にしたいので、「.v-enter,.v-leave-to」に「opacity: 0; transform: translateY(20px);」と指定します。

「現れたあとと、消える前の状態は普通の状態」なので特に指定しません。

CSS

```
<style>
  /* 現れている最中と、消えている最中は、0.5秒 */
  .v-enter-active, .v-leave-active {
    transition: 0.5s;
  }
  /* 現れる前の状態と、消えたときの状態は、透明度0で、下へ20移動 */
  .v-enter,.v-leave-to {
    opacity: 0;
    transform: translateY(20px);
  }
</style>
```

実行してみましょう。チェックボックスをONにすると、少し下からフェードイン&移動しながら現れ、OFFにすると、少し下へフェードアウト&移動しながら消えていくのがわかります（図10.1、図10.2）。

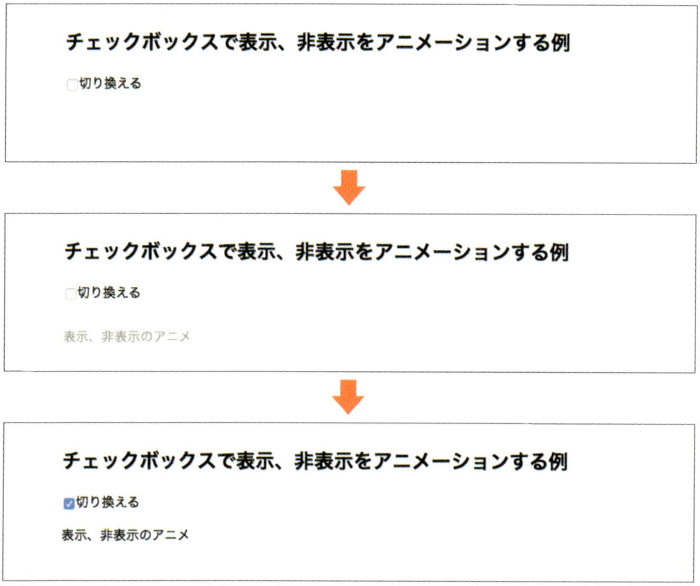

チェックボックスで表示、非表示をアニメーションする例

□切り換える

チェックボックスで表示、非表示をアニメーションする例

□切り換える

表示、非表示のアニメ

チェックボックスで表示、非表示をアニメーションする例

☑切り換える

表示、非表示のアニメ

▲図10.1：チェックボックスをONにして、表示するアニメーション

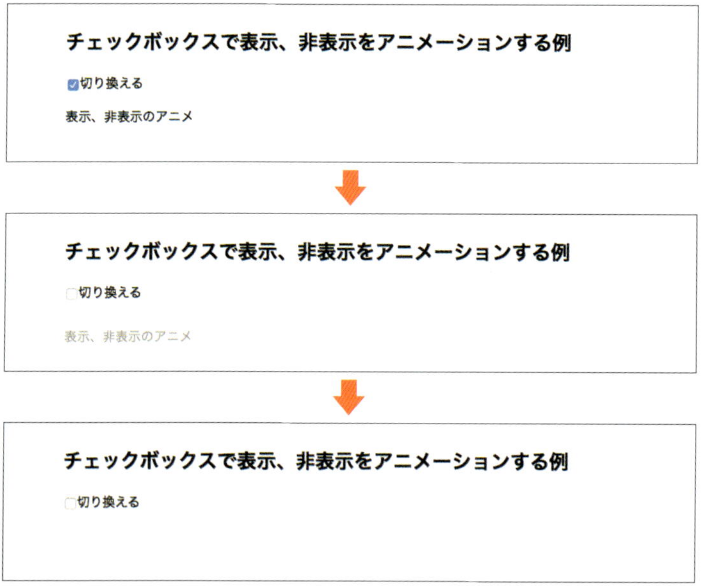

チェックボックスで表示、非表示をアニメーションする例

☑切り換える

表示、非表示のアニメ

チェックボックスで表示、非表示をアニメーションする例

□切り換える

表示、非表示のアニメ

チェックボックスで表示、非表示をアニメーションする例

□切り換える

▲図10.2：チェックボックスをOFFにして、非表示にするアニメーション

02 リストのトランジション：transition-group

リストのトランジションを試してみましょう。

リストの数が増減したり、位置が移動したりするときにもトランジションアニメーションさせることができます。リストの場合は、**transition-groupタグ**で囲みます。

このとき、Vueが要素のどれが増えたか（消えたか）、どれが移動したかなどを追跡できるように、それぞれ違う値を「v-bind:key="違う値"」と設定しておく必要があります。

書式 リストのトランジション

HTML
```
<transition-group>
  <li v-for="item in dataArray" v-bind:key="item"> {{item}}</li>
</transition-group>
```

▶ ボタンを押してリストが増減するとき、アニメーションする例：transtest2.html

配列でリストを表示させておいて、「追加」ボタンと「削除」ボタンでリストを増減させるとき、トランジションアニメーションをさせてみましょう。

「dataArray」のデータを「v-for="item in dataArray" v-bind:key="item"」と指定してリスト表示します。「追加」ボタン、「最後の1つを削除」ボタンを用意して、それぞれ、addListメソッド、removeLastメソッドを呼ぶようにしておきます。

HTML

```html
<div id="app">
  <transition-group>
    <li v-for="item in dataArray" v-bind:key="item"> {{item}}</li>
  </transition-group>
  <label><input v-model="addItem" placeholder="追加するリスト"></label>
  <button v-on:click="addList">追加</button><p>
  <button v-on:click="removeLast">最後の1つを削除</button>
</div>
```

Vueインスタンスの「data:」に元となる配列「dataArray」と、追加するアイテム「addItem」を用意しておきます。

「methods:」に、末尾にデータを追加する「addList」メソッドと、最後の1つを削除する「removeLast」メソッドを用意します。

JS

```js
<script>
  new Vue({
    el: '#app',
    data: {
      dataArray:['桃太郎','かぐや姫','かちかち山'],
      addItem: ''
    },
    methods: {
      addList: function() {
        this.dataArray.push(this.addItem);
        this.addItem = '';
      },
      removeLast: function() {
        var lastIdx = this.dataArray.length - 1;
        this.dataArray.splice(lastIdx, 1);
      }
    }
  })
</script>
```

次にCSSを修正していきます。

「現れるときと、消えるときに、0.5秒かけて、少し右から移動しながらフェードイン（フェードアウト）する」アニメーションを設定します。

「現れている最中と、消えている最中にかかる時間は、0.5秒」なので、「.v-enter-active, .v-leave-active」に「transition: 0.5s;」と指定します。

「現れる前の状態と、消えたときの状態は、透明度0で、右へ50ピクセル移動したところ」にしたいので、「.v-enter,.v-leave-to」に「opacity: 0; transform: translateX(50px);」と指定します。

「現れたあとと、消える前の状態は普通の状態」なので特に指定しません。

CSS

```
<style>
  /* 現れている最中と、消えている最中は、0.5秒 */
  .v-enter-active, .v-leave-active {
    transition: 0.5s;
  }
  /* 現れる前の状態と、消えたときの状態は、透明度0で、右へ50移動 */
  .v-enter, .v-leave-to {
    opacity: 0;
    transform: translateX(50px)
  }
</style>
```

実行してみましょう。「追加」ボタンをクリックすると、右からフェードインしながらリスト項目が増えます。「最後の1つを削除」ボタンをクリックすると、右へフェードアウトしながらリスト項目が削除されるのがわかります（図10.3❶～❹、図10.4❶～❸）。

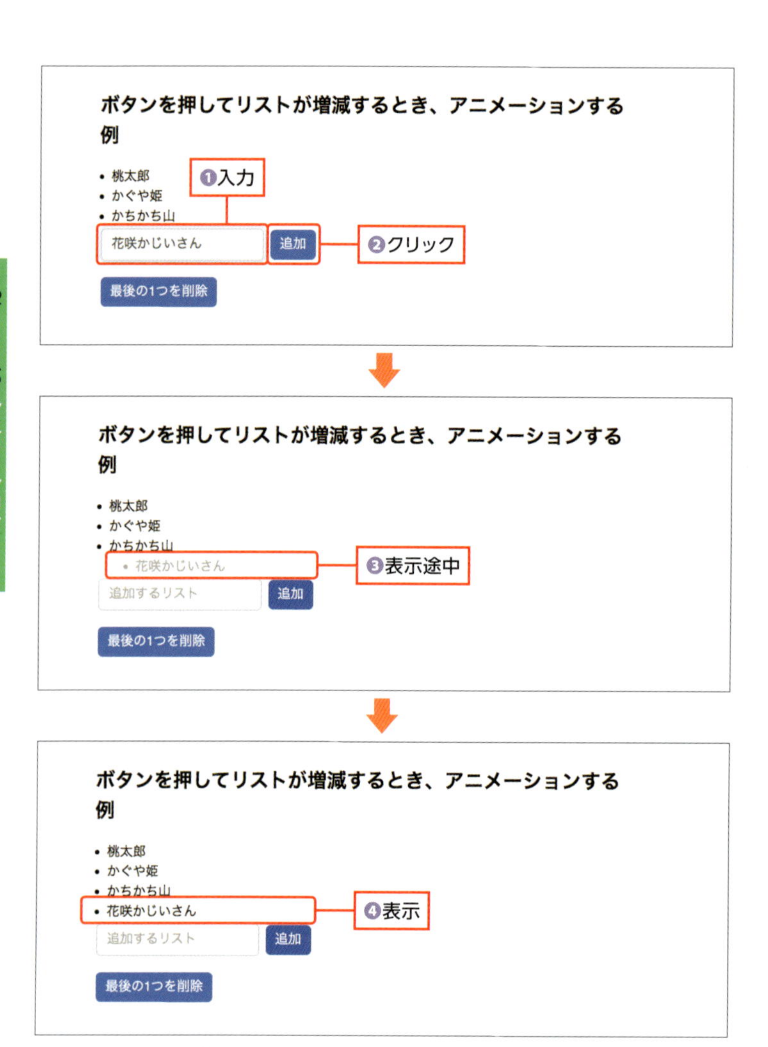

▲図10.3：ボタンをクリックして、リストを追加するアニメーション

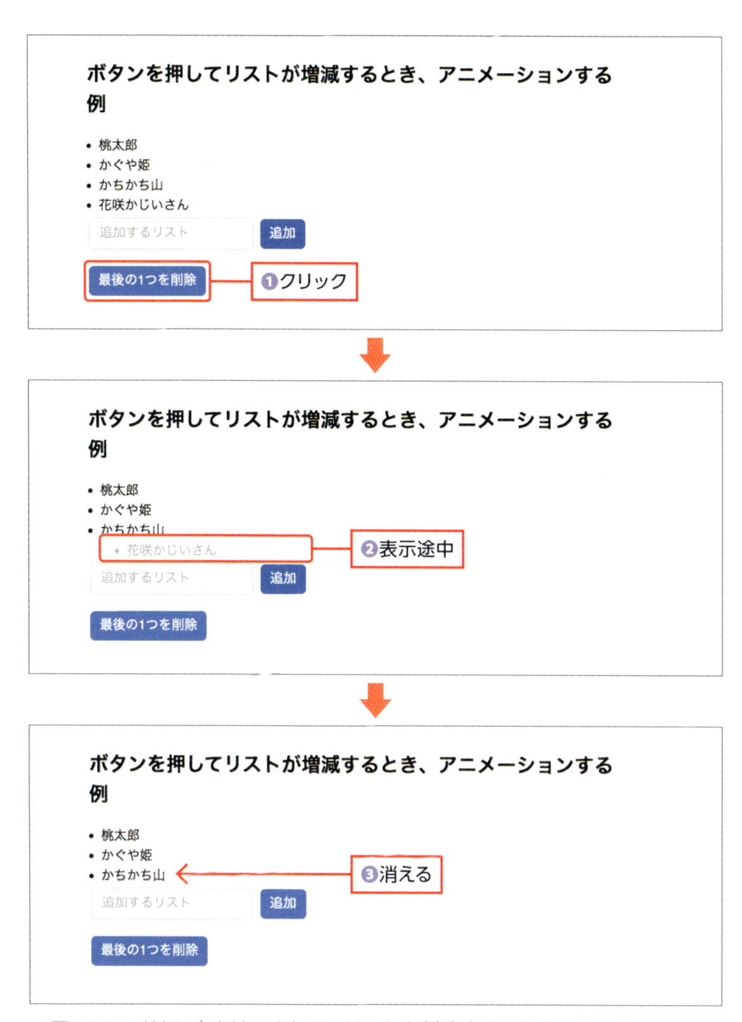

▲図10.4：ボタンをクリックして、リストを削除するアニメーション

03 リストの並びが移動するトランジション

リストをシャッフルして並べ替えてみましょう。
アニメーションも一緒に行います。

今度はリストの並びが変わって移動したとき、トランジションアニメーションをさせてみましょう。

リストの並び方を変えるには、順番に並べ替える「ソート」をしたり、順番をバラバラにする「シャッフル」を使う方法があります。ソートはChapter 6で解説したようにsortメソッドを使えばできます。シャッフルメソッドはJavaScriptで作ることができます。

▶ クリックしたらシャッフルする例：shuffleTest.html

まず、一時的な配列（空）を用意しておいて、元の配列からランダムに1つ取り出して、一時的な配列に追加します。これを元の配列が空になるまでくり返せば、一時的な配列にはシャッフルされた配列が入ることになります。最後に、一時的な配列を元の配列に入れ直せば、元の配列がシャッフルされたことになります。

メモ Fisher-Yatesアルゴリズム

上述のようなアルゴリズムを「Fisher-Yatesアルゴリズム」といいます。手軽に効率よく「データを不規則に並べるアルゴリズム」です。一般的な方法なのでアルゴリズムの解説書によく載っています。

『楽しく学ぶ アルゴリズムとプログラミングの図鑑』（森 巧尚著、マイナビ出版）でも解説しています。

```
<body>
  <h2>クリックしたらシャッフルする例</h2>
  <button onclick="shuffleData()">シャッフル</button>

  <script>
    // 元の配列
    var dataArray = ['one','two','three','four','five'];
    function shuffleData() {
      // まず、一時的な配列(空)を用意
      var buffer = [];
      // 元の配列の個数
      var len = this.dataArray.length;
      // 元の配列を減らしながらくり返す。iはその時点での個数
      for (var i=len; len>0; len--) {
        // rは、その時点での個数内でランダム
        var r = Math.floor(Math.random() * len);
        // 元の配列からランダムに1つ、一時的な配列に追加
        buffer.push(this.dataArray[r]);
        // 元の配列からランダムな1つを削除
        this.dataArray.splice(r, 1);
      }
      // 一時的な配列を元の配列に入れる
      this.dataArray = buffer;
      // シャッフルの確認
      alert(dataArray)
    }
  </script>
</body>
```

実行してみましょう。クリックするたびに、シャッフルされた配列がダイアログに表示されます(図10.5❶❷、図10.6❶❷)。

▲図10.5：クリックするとシャッフルされる

▲図10.6：ダイアログを閉じてクリックすると再びシャッフルされる

▶ リストの並びが移動しながら変わるアニメーションの例：transtest3.html

ソートとシャッフルを使ってリストの並べ替えを行い、そのときリスト項目もアニメーションで移動させてみましょう。

配列「dataArray」のデータを「v-for="item in dataArray" v-bind:key="item"」と指定してリスト表示します。「ソートする」ボタン、「シャッフルする」ボタンを用意し、それぞれ、「sortData」メソッド、「shuffleData」メソッドを呼ぶようにしておきます。

HTML

```
<div id="app">
  <transition-group>
    <li v-for="item in dataArray" v-bind:key="item"> {{item}}</li>
  </transition-group>
  <button v-on:click="sortData">ソートする</button>
  <button v-on:click="shuffleData">シャッフルする</button>
</div>
```

Vueインスタンスの「data:」に元となる配列「dataArray」を用意しておきます。「methods:」には、ソートする「sortData」メソッドと、シャッフルする「shuffleData」メソッドを用意します。

JS

```
<script>
  new Vue({
    el: "#app",
    data: {
      dataArray:['one','two','three','four','five']
    },
    methods: {
      sortData: function() {
        this.dataArray.sort(function(a,b) {
          if (a < b) return -1;
          if (a > b) return 1;
          return 0;
        });
      },
      shuffleData: function() {
        var buffer = [];
        var len = this.dataArray.length;
        for (var i=len; len>0; len--) {
```

```
            var r = Math.floor(Math.random() * len);
            buffer.push(this.dataArray[r]);
            this.dataArray.splice(r, 1);
          }
          this.dataArray = buffer;
        },
      }
    })
</script>
```


CSSの部分も修正します。リスト要素の並びが変わって移動するので、この場合は移動トランジション（.v-move）を使います。かかる時間は0.5秒にしたいので、「.v-move」に「transition: 0.5s;」と指定します。

```css
<style>
  /* 移動トランジションにかかる秒数 */
  .v-move {
    transition: 0.5s;
  }
</style>
```

実行してみましょう。「ソートする」ボタンや「シャッフルする」ボタンをクリックすると、リスト項目が移動しながら並べ替えられるのがわかります（図10.7、図10.8❶～❸、図10.9❶～❸）。

▲図10.7：リストの並びが移動しながら変わるアニメーション（初期画面）

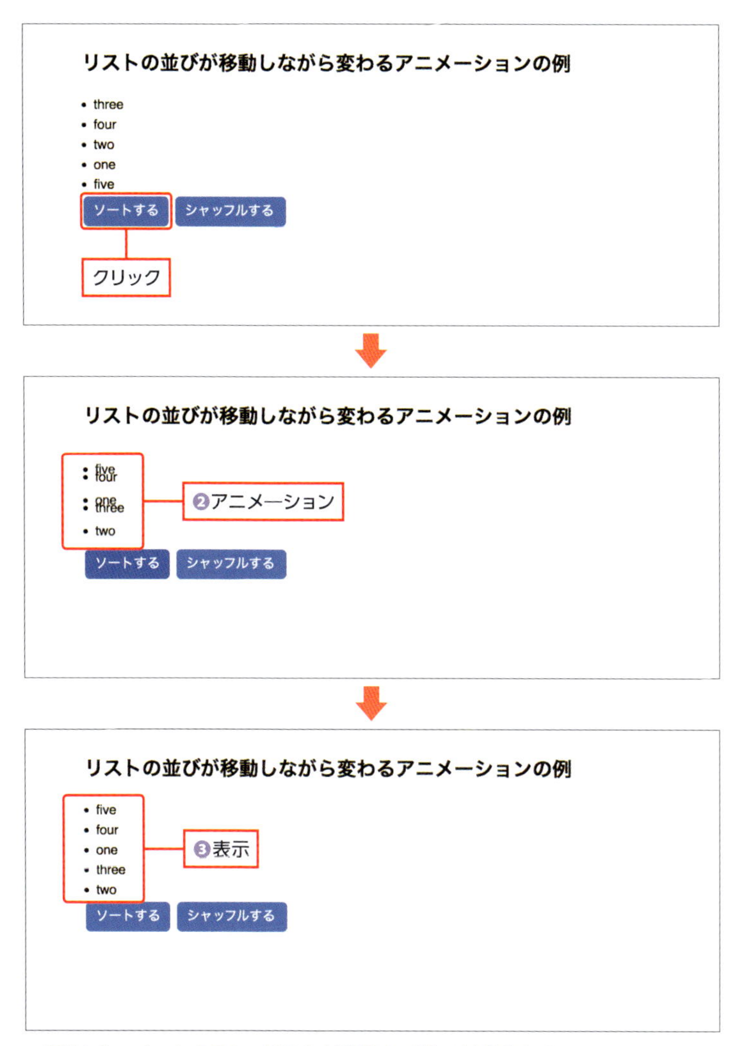

▲図10.8：ソートすると、リストが移動して並べ替えられる

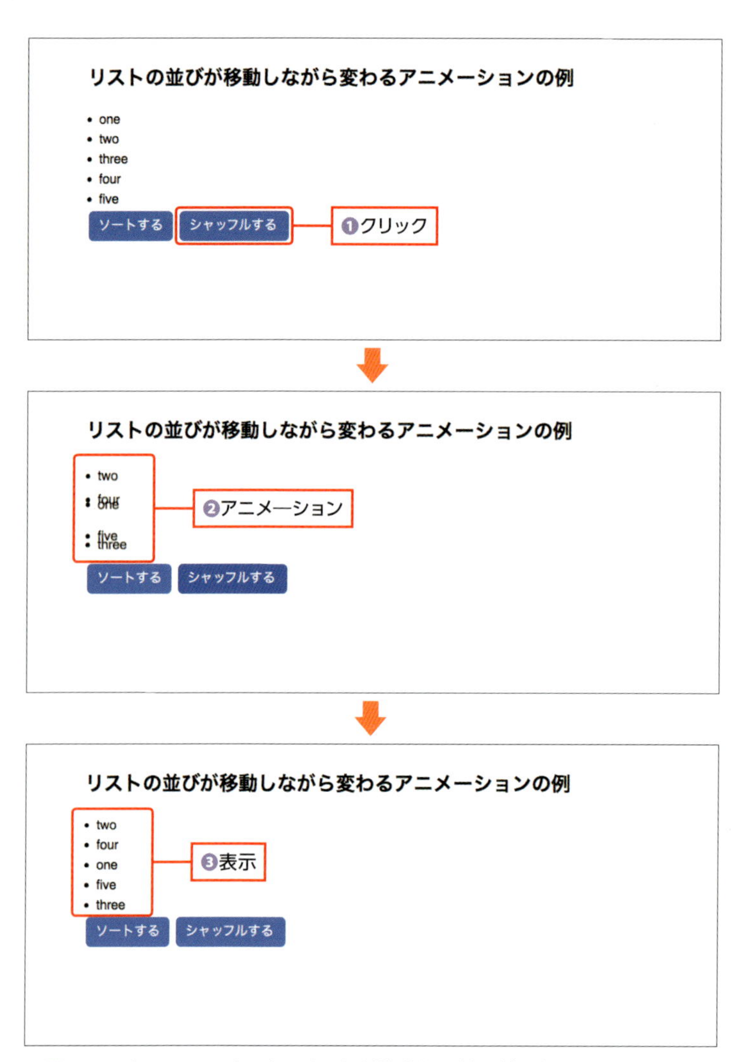

▲図10.9：シャッフルすると、リストが移動して並べ替えられる

04 まとめ

第10章をおさらいしてみましょう。

図で見てわかるまとめ

要素の表示／非表示が切り替わるときにアニメーションを行いたいときは、**transitionタグ**で囲み、どのようにアニメーションを行うのかをCSSで指定します。

CSSでは、.v-enter（現れる前）、.v-enter-active（現れている最中）などにどのような状態になっているのかを指定します。

たとえば、「最初透明で、0.5秒で現れるアニメーション」なら、.v-enter（現れる前）はopacity:0で透明にしておいて、.v-enter-active（現れている最中）にかかる時間をtransition:0.5sと指定します。

このとき、プロパティの値を変更できるチェックボックスを用意しておけば、ユーザーの操作で表示／非表示をリアルタイムに切り替えてアニメーションさせることができます（図10.10）。

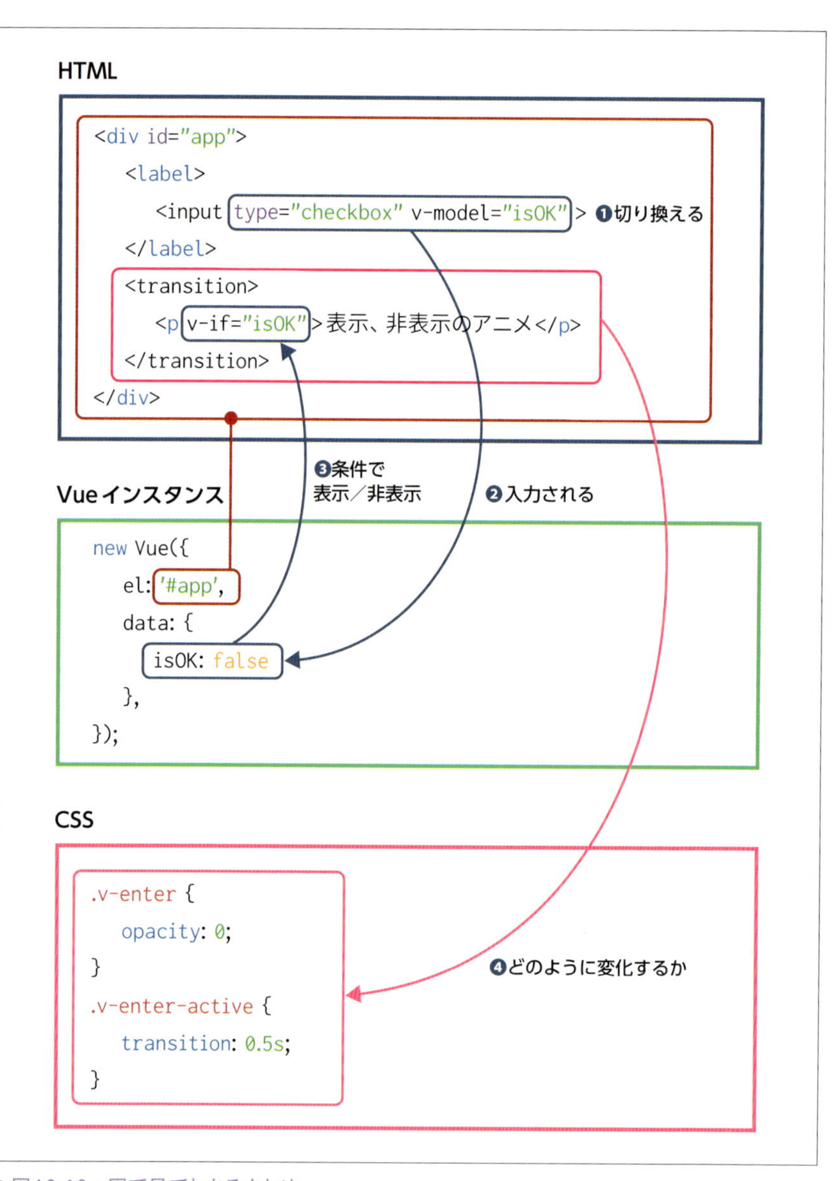

▲図10.10：図で見てわかるまとめ

書き方のおさらい

1秒のフェードインで、文字を表示させるとき

❶ HTMLのv-ifで表示／非表示が切り替わるdiv要素を、transitionタグで囲みます。

HTML

```
<transition>
  <div v-if="isOK">表示／非表示が切り替わる</div>
</transition>
```

❷ 1秒のフェードインを、CSSで指定します。

CSS

```
.v-enter {
  opacity: 0;
}
.v-enter-active {
  transition: 1s;
}
```

❸ v-ifで表示／非表示を切り換える処理を作ります。

0.5秒のフェードインで、リストの項目を増減させるとき

❶ HTMLの増減するli要素を、transition-groupタグで囲みます。

HTML

```
<transition-group>
  <li v-for="item in dataArray" v-bind:key="item"> {{item}}</li>
</transition-group>
```

❷ 0.5秒のフェードインを、CSSで指定します。

CSS

```
.v-enter, .v-leave-to {
  opacity: 0;
}
.v-enter-active, .v-leave-active {
  transition: 0.5s;
}
```

❸ リストの項目を増減させる処理を作ります。

リストの並びが変わるとき、0.5秒で移動するアニメーションをさせるとき

❶ HTMLのリストの並びが変化するli要素を、transition-groupタグで囲みます。

```
HTML
<transition-group>
  <li v-for="item in dataArray" v-bind:key="item"> {{item}}</li>
</transition-group>
```

❷ 移動にかかる時間を、0.5秒とCSSで指定します。

```
CSS
.v-move {
  transition: 0.5s;
}
```

❸ リストの並びを変える処理を作ります。

Chapter 11

ToDoリストを作ってみよう

01 ToDoリストとは？

ToDoリストをVue.jsで作ってみましょう。

ToDoリストのサンプル

ToDoリストは、「すること（ToDo）」をリストアップするアプリです。「すること」を追加して、完了したものには印をつけたり、リスト項目を削除して、リストを見れば「今することは何なのか」がすぐにわかります。

Vue.jsのサイトの「学ぶ」メニューから「例」を選んでみてください。そこに、ToDoリストのサンプルが載っています。以下では、ToDoリストをどのように作るのかを紹介します。

Vue.jsのToDoリスト（TodoMVC）のサンプル
URL https://jp.vuejs.org/v2/examples/todomvc.html

ToDoリストは、以下の機能でできていると考えられます。

1. 「チェックボックス＋すること」を並べて表示する機能
2. チェックをつけると、打ち消し線を引く機能
3. 「すること」を追加する機能
4. 打ち消し線が引かれた項目を削除する機能
5. ToDoの総件数や処理済み件数を表示する機能

ToDoリストの作成手順

これらの機能を少しずつ作っていきましょう。まずは、追加・削除機能を除いた、1番目、2番目、5番目の機能を備えた「仮データで表示するToDoリスト」を作ってみたいと思います。

ToDoリストの設計

まずは、どのように作るのかを考えていきましょう。

1. 準備をする

Vue.jsを使うので、Vueライブラリを読み込みます。ToDoリストはVue.jsだけで作れます。

2. HTML要素を用意する

「ToDoの1行分」を複数並べればToDoリストが作れると考えられます。そこで、「チェックボックス」と「文字列」をlabel要素で1行にまとめたものを「ToDoの1行分」として用意しましょう。

また、「処理済み件数 / ToDoの総件数」も用意します。打ち消し線のスタイルもCSSで用意しておきます。

3. Vueインスタンスを作る

1行分のデータは、「`done`(チェックボックスの状態)」と「`text`(することの文字列)」を1つのオブジェクトにまとめたものです。このオブジェクトを配列にしたものが、ToDoリストのデータになります。

「`data:`」に「`todos`」プロパティを用意して、ここにToDoオブジェクト(チェックボックスの状態と文字列を入れたオブジェクト)の配列が入ります。仮データを入れておきましょう。

ToDoの総件数は、todos配列の個数なので「`todos.length`」でわかりますが、処理済み件数(チェックされた項目の数)は、調べないとわかりません。算出プロパティを使います。

「`computed:`」に「`remaining`」というプロパティを用意します。this.todosに変化が起きたときにチェック済みの項目数を返すようにします。

4. つなぎ方を決める

ToDoの配列データを「`v-for`」でくり返し表示するようにつなぎます。

1行とオブジェクトをつなぎます。チェックボックスは「`done`」、「すること」の文字列は「`text`」とつなぎます。さらに「`done`」がtrueのとき、打ち消し線のスタイルが設定されるようにします。

02 仮データでToDoリストを表示する

仮データを使って「やることリスト」を
表示するToDoリストを作ってみましょう。

それでは、実際に「仮データで表示するToDoリスト」を作ってみましょう。

▶ 仮データで表示するToDoリスト：todolist1.html

1. 準備をする

まず、HTMLの外枠から作って準備していきましょう。

head要素で、Vue.jsのライブラリ（vue.js）を読み込みます。

```html
<!DOCTYPE html>
<html>
  <head>
    <meta charset="UTF-8">
    <title>Vue.js sample</title>
    <link rel="stylesheet" href="style.css" >
    <script src="https://cdn.jsdelivr.net/npm/vue@2.5.17/dist/vue.js"⏎
></script>
  </head>

  <body>
  </body>
</html>
```

2. HTML要素を用意する

body要素に、Vueインスタンスとつながるdiv要素を作ります。「id="app"」と指定します。

ToDoリストは、ToDo項目をくり返し表示するので、その範囲をdiv要素で囲んでおきます。

くり返しの中のそれぞれの「すること」は、チェックボックスと、span要素をlabel要素で1行にまとめての表示や、処理済み件数と「すること」の総件数の表示です。

最後に、打ち消し線のスタイル「.donestyle」を用意します。

HTML

```
<body>
  <h2>ToDoリスト</h2>
  <div id="app">
    <div>
      <label>
        <input type="checkbox">
        <span>すること</span>
      </label>
    </div>
    <p>1 / 2件処理</p>
  </div>

  <style>
    .donestyle {
      text-decoration: line-through;
      color: lightgray;
    }
  </style>
</body>
```

3. Vueインスタンスを作る

Vueインスタンスを作ります。「el:」に「'#app'」と指定します。

「data:」に「todos」プロパティを用意して、仮データを入れておきます。

「computed:」には「remaining」プロパティを用意します。todos配列から、「filter」メソッドでdoneの値がtrueのものだけ取り出して、その個数を返します。

JS

```
<script>
  new Vue({
    el: '#app',
```

```
    data: {
      todos: [
        {done:false, text:'パンを買う'},
        {done:false, text:'コーヒーを買う'}
      ]
    },
    computed: {
      remaining: function() {
        return this.todos.filter(function(val) {
          return val.done;
        }).length;
      }
    }
  })
</script>
```


4. つなぎ方を決める

「すること」をくり返し表示するしくみを作りましょう。2.で用意したHTMLのdiv要素に「v-for="todo in todos"」と追加して、todos配列から1つずつオブジェクトを取り出してくり返すように変更します。

チェックボックスは、「v-model="todo.done"」でdoneへとつなぎます。

「すること」の文字列には、「{{ todo.text }}」を使って表示します。

打ち消し線スタイルをつけるかどうかを「todo.done」を使って指定するので、「v-bind:class="{donestyle:todo.done}"」と指定します。

処理済み件数と「すること」の総件数は、「{{ remaining }} / {{ todos.length }}」を使って表示します。

HTML

```
<div id="app">
  <div v-for="todo in todos">
    <label>
      <input type="checkbox" v-model="todo.done">
      <span v-bind:class="{donestyle:todo.done}">{{ todo.text }}</sp⏎
an>
    </label>
  </div>
  <p>{{ remaining }} / {{ todos.length }}件処理</p>
</div>
```

実行してみましょう。リストにチェックすると打ち消し線が引かれて、処理済み件数の値が変わるのがわかります（図11.1❶❷）。

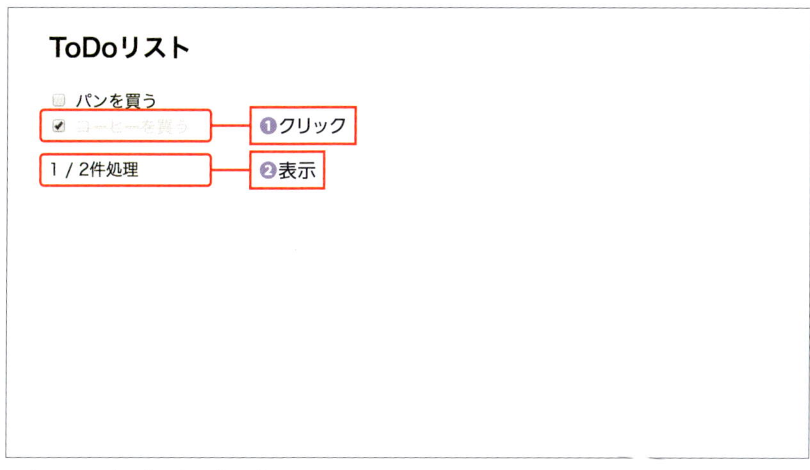

▲図11.1：仮データで表示するToDoリスト

03 改良する：追加&削除機能

「すること」の追加&削除機能を作りましょう。

改良する方法

表示機能ができたので、リストへの「すること」（ToDo）の追加と削除機能を作りましょう。

以下の2つを追加します。

- 「すること」を入力して、[Enter] キーでToDoリストに追加する機能
- 処理済みのToDoを削除する「処理済みを削除」ボタン

改造は以下のように考えましょう。

1. HTML要素を追加する

「すること」を入力して、[Enter] キーでToDoリストに追加する機能は、input要素を使います。さらに、クリックすると、処理済みの項目を削除する「処理済みを削除」ボタンを追加します。

2. Vueインスタンスを修正する

「すること」の文字列を入力する「addtext」プロパティを用意します。さらに、ToDoリストに追加する「addToDo」メソッドと、処理済みの項目を削除する「cleanToDo」メソッドを用意します。

3. つなぎ方を決める

input要素と「addtext」プロパティをつなぎます。input要素で [Enter] キーを押されたら、addToDoを実行するようにつなぎます。

項目を削除するボタン（ここでは「処理済みを削除」ボタンというラベルにし

ます）をクリックしたら、cleanToDoを実行するようにつなぎます。

それでは、「すること」の追加と削除ができる「ToDoリスト」を作ってみましょう。

▶ ToDo項目の追加&削除機能を追加したToDoリスト：todolist2.html

1. HTML要素を追加する

「すること」を入力するボックスをinput要素で、「処理済みを削除」ボタンをbutton要素で追加します。処理済み件数とToDoの総件数は、「{{ remaining }} / {{ todos.length }}」と指定します。

HTML

```
<div id="app">
  <div v-for="todo in todos">
    <label>
      <input type="checkbox" v-model="todo.done">
      <span v-bind:class="{donestyle:todo.done}">{{todo.text}}</span>
    </label>
  </div>

  <input type="text" placeholder="すること">
  <p><button>処理済みを削除</button></p>
  <p>{{ remaining }} / {{ todos.length }}件処理</p>
</div>
```

2. Vueインスタンスを修正する

「data:」に「addtext」プロパティを追加します。

「methods:」に「addToDo」メソッドを用意します。doneの値をfalseにして、textに「this.addtext」を設定したオブジェクトを、this.todos配列に追加します。追加したらinput要素を空にするために「this.addtext」を空にします。

さらに「cleanToDo」メソッドを用意します。this.todosのdoneがfalseだけのものが残るようにフィルターをかけて、this.todosに入れ直します。

JS

```
<script>
  new Vue({
    el: '#app',
```

```
    data: {
      addtext:'',
      todos: [
        {done:false, text:'パンを買う'},
        {done:false, text:'コーヒーを買う'}
      ]
    },
    computed: {
      remaining: function() {
        return this.todos.filter(function(val) {
          return val.done == true;
        }).length;
      }
    },
    methods: {
      addToDo: function() {
        if (this.addtext) {
          this.todos.push({done:false, text:this.addtext});
          this.addtext = '';
        }
      },
      cleanToDo: function() {
        this.todos = this.todos.filter(function(val) {
          return val.done == false;
        })
      }
    }
  })
</script>
```

3. つなぎ方を決める

input要素から「addtext」に前後の無駄な空白を削除（トリム）しながら入力できるように「v-model.trim="addtext"」と指定し、[Enter] キーを押したときに「addToDo」を実行できるように「v-on:keyup.enter="addToDo"」と指定します。

「処理済みを削除」ボタンには、クリックしたら「cleanToDo」を実行できるように「v-on:click="cleanToDo"」と指定します。

HTML

```
<input type="text" v-model.trim="addtext" v-on:keyup.enter="addToDo"⏎
placeholder="すること">
<p><button v-on:click="cleanToDo">処理済みを削除</button></p>
```

これで完成です！

実行してみましょう。「すること」を入力してから［Enter］キーを押すとToDo項目が追加されます（図11.2❶❷）。「処理済みを削除」ボタンをクリックすると、処理済みの項目が削除されるのがわかります。

▲図11.2：ToDoの追加＆削除機能を追加したToDoリスト

最終的にどのようなHTMLになったのか、ここでもう一度見ておきましょう（リスト11.1）。

▼リスト11.1：todolist2.html

HTML

```
<!DOCTYPE html>
<html>
  <head>
    <meta charset="UTF-8">
    <title>Vue.js sample</title>
    <link rel="stylesheet" href="style.css" >
    <script src="https://cdn.jsdelivr.net/npm/vue@2.5.17/dist/vue.js">
    </script>
  </head>

  <body>
    <h2>Todoリスト</h2>
    <div id="app">
      <div v-for="todo in todos">
```

```
          <label>
            <input type="checkbox" v-model="todo.done">
            <span v-bind:class="{donestyle:todo.done}">{{todo.text}}
            </span>
          </label>
        </div>

        <input type="text" v-model.trim="addtext" v-on:keyup.enter= ⏎
"addToDo" placeholder="すること">
        <p><button v-on:click="cleanToDo">処理済みを削除</button></p>
        <p>{{ remaining }} / {{ todos.length }}件処理
      </div>

      <script>
        new Vue({
          el: '#app',
          data: {
            addtext:'',
            todos: [
              {done:false, text:'パンを買う'},
              {done:false, text:'コーヒーを買う'}
            ]
          },
          computed: {
            remaining: function() {
              return this.todos.filter(function(val) {
                return val.done == true;
              }).length;
            }
          },
          methods: {
            addToDo: function() {
              if (this.addtext) {
                this.todos.push({done:false, text:this.addtext});
                this.addtext = '';
              }
            },
            cleanToDo: function() {
              this.todos = this.todos.filter(function(val) {
                return val.done == false;
              })
            }
          }
        })
      </script>
```

```
    <style>
      .donestyle {
        text-decoration: line-through;
        color: lightgray;
      }
    </style>
  </body>
</html>
```

04 まとめ

第11章をおさらいしてみましょう。

図で見てわかるまとめ

ToDoリストでは、各行の先頭に「チェックボックス」がついて、その後ろに「これからすることの文字列」が書かれています。チェックボックスをチェックするとその1行を消すことができます。

このToDoリストを作るにはまず、データを用意するところから始めます。ToDoリストの各行のデータは「終了したかどうか（done）」と「することの文字列（text）」をまとめたオブジェクトデータで作ります。これを配列で複数用意します。

データができれば、これを表示します。配列データの各行を表示していくので、v-forでくり返し表示を行います。各行の先頭にはdoneと結びついたチェックボックスがついて、その後ろにtextを表示します。各行には打ち消し線を表示するスタイルをつけておいて、doneがtrueのとき（チェックをつけたとき）に、このスタイルが有効になるようにしておきます。

これで、チェックボックスにチェックを入れると打ち消し線が表示されるToDoリストになります（図11.3）。

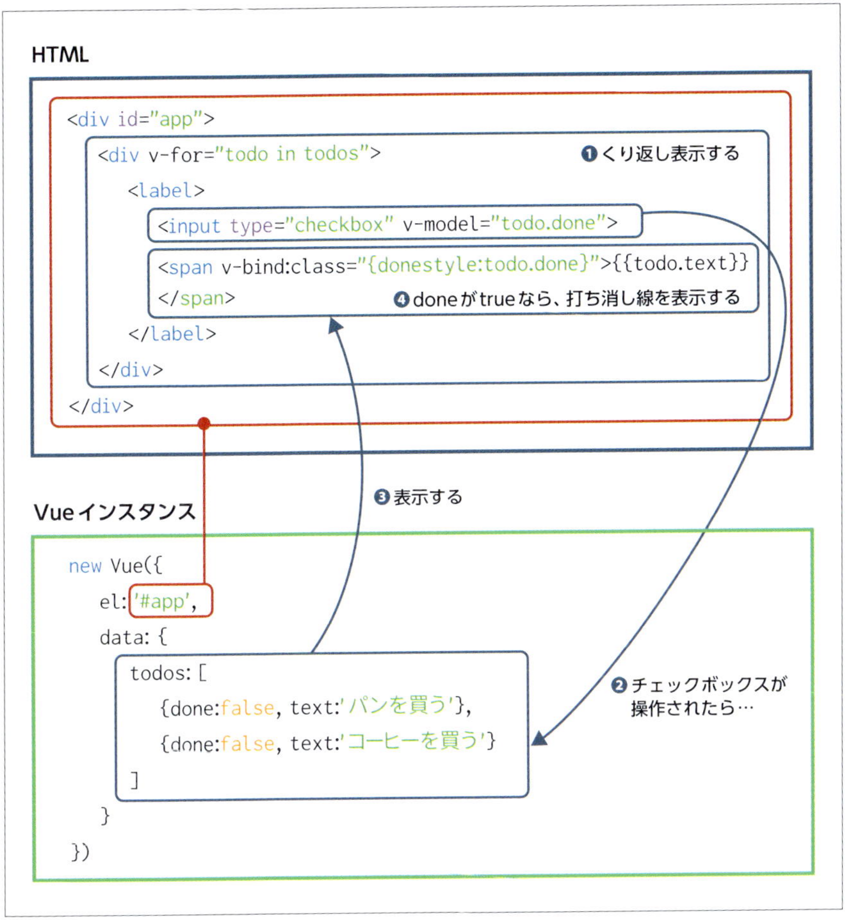

HTML

```
<div id="app">
  <div v-for="todo in todos">
    <label>
      <input type="checkbox" v-model="todo.done">
      <span v-bind:class="{donestyle:todo.done}">{{todo.text}}
      </span>
    </label>
  </div>
</div>
```

❶くり返し表示する

❹doneがtrueなら、打ち消し線を表示する

❸表示する

Vueインスタンス

```
new Vue({
  el: '#app',
  data: {
    todos: [
      {done:false, text:'パンを買う'},
      {done:false, text:'コーヒーを買う'}
    ]
  }
})
```

❷チェックボックスが
操作されたら…

▲図11.3：図で見てわかるまとめ

Chapter 12

部品にまとめるとき

01 部品にまとめる：コンポーネント

同じような処理を部品にしてみましょう。

シンプルに作れるSPAも、規模が大きくなってくると複雑になってきます。そのようなとき、「**同じような処理を行う部分を部品としてまとめる**」とわかりやすくなります。

部品にまとめるときは、component

ある部品がHTML上で「どのように表示されるのか」をオブジェクトとしてまとめるには、**templateオプション**を使います。そして、そのオブジェクトに名前（コンポーネントのタグ名）をつけたものを「コンポーネント」といいます。

HTML上に、この「コンポーネント名のタグ」を書くと、その場所に用意した部品が表示されるというわけです。

HTML
```
<my-component></my-component>  ⬅ここに部品が表示される
```

コンポーネントを作るには、「1. グローバルに登録する方法」と「2. ローカルに登録する方法」の2種類の方法があります。

1. グローバルに登録する方法

Vue.componentを使ってコンポーネントを作ると、グローバルに登録されて、そのあとに作成されたVueインスタンスにも使えるようになります。

しかし多くの場合、グローバル登録は理想的とはいえません。グローバルに登録したすべてのコンポーネントは、使用しなくなっても残り続けるからです。

書式 コンポーネントをグローバルに登録

```js
Vue.component('コンポーネントのタグ名', {
  template: 'HTML部分'
})
```


2. ローカルに登録する方法

そこで、Vueインスタンスの中に登録するローカル登録という方法を使うことにします。

この方法では、コンポーネントのオブジェクトを作っておいて、Vueインスタンスの「**componentsオプション**」に「コンポーネントのタグ名：コンポーネントのオブジェクト名」と指定して、このVueインスタンス内で使えるように登録します。

メモ 本書におけるコンポーネントの登録

本書では、ローカルに登録する方法で解説します。

書式 コンポーネントをローカルに登録

```js
var コンポーネントのオブジェクト名 = {
  template: 'HTML部分'
}

new Vue({
  el: '#app'
  components: {
    'コンポーネントのタグ名': コンポーネントのオブジェクト名
  }
})
```

▶ コンポーネントを作って表示する例：comptest1.html

まずは、簡単な「Hello」と表示するだけのコンポーネントを作ってみましょう。

ここでは、コンポーネントのタグ名を「my-component」にして、3つ表示してみましょう。

```html
<div id="app">
  <my-component></my-component>
  <my-component></my-component>
  <my-component></my-component>
</div>
```


まずVueインスタンスを作る前に、コンポーネントのオブジェクトを作ります。

「template:」に、どのように表示されるのかをHTMLタグで用意します。「Hello」と表示するだけなので、p要素に「Hello」という文字列を入れるだけで作れます。今回はせっかくですので、角丸四角形の中に表示できるように「'<p class="my-comp">Hello</p>'」とスタイルを指定します。

次に、Vueインスタンスを作ります。

Vueインスタンスの「components:」には、「コンポーネントのタグ名：コンポーネントのオブジェクト名」と指定します。「my-component」というタグ名に「MyComponent」オブジェクトを設定します。

これで、HTML上に「<my-component></my-component>」と書くだけで、作ったコンポーネントが表示されるようになります。

```js
<script>
  var MyComponent = {
    template: '<p class="my-comp">Hello</p>'
  }
  new Vue({
    el: '#app',
    components: {
      'my-component': MyComponent
    }
  })
</script>
```

注意　名前の書き方

名前の書き方には注意が必要です。コンポーネントのオブジェクト名は、JavaScriptのクラス名に相当するためか「MyComponent」とパスカルケースで書き、コンポーネントのタグ名は、HTMLで使う名前なので「my-component」とケバブケースで書きます。

最後に、コンポーネントを装飾するスタイルを用意します。角丸四角形にオレンジ色の枠をつけ、背景にも薄い黄色をつけることにしました。

CSS

```
<style>
  .my-comp {
    width: 300px;
    background-color: #ffffe0;
    border: solid;
    border-color: darkorange;
    border-radius: 8px;
    padding: 8px;
  }
</style>
```

実行してみましょう。枠に囲まれた「Hello」が3つ表示されるのがわかります（図12.1）。

コンポーネントを作って表示する例

Hello

Hello

Hello

▲図12.1：コンポーネントを作って表示する

02 コンポーネントのdataはfunctionにする

コンポーネントに使うデータをfunctionにしてみましょう。

コンポーネントオブジェクトに、「template:」を用意しただけでは何も動かないので、今度はコンポーネントオブジェクトに「data:」や「methods:」を追加して、機能するようにしてみましょう。

ただし、コンポーネントオブジェクトの「data:」では、少し書き方を変えて、functionにする必要があります。

書式 コンポーネントのdata

```
JS
data: function () {
  return {
    プロパティ名: 値
  }
}
```

▶ それぞれ別々にカウントするコンポーネントの例：comptest2.html

3つのカウンターがあり、「追加」ボタンをクリックするとそれぞれの値が増えていくコンポーネントを作ってみましょう。

comptest1.htmlと同様に、コンポーネントのタグ名を「my-component」にして、3つとも「カウンター」と表示してみましょう。

```
HTML
<div id="app">
  <my-component></my-component>
  <my-component></my-component>
  <my-component></my-component>
```

```
</div>
```

次に、コンポーネントのオブジェクトを作ります。

コンポーネントの「template:」に、「追加」ボタンとカウント結果の表示をHTMLタグで用意します。「'<p class="my-comp">カウンター　<button v-on:click="addOne">追加</button> {{ count }}</p>'」と指定します。

コンポーネントの「data:」には、数を数える「count」プロパティを用意します。最初は0です。

コンポーネントの「methods:」には、countに1を足す「addOne」メソッドを用意します。

次に、Vueインスタンスを作ります。Vueインスタンスの「components:」に「'my-component': MyComponent」と設定します。

JS

```
<script>
  var MyComponent = {
    template: '<p class="my-comp">カウンター　<button v-on:click= ⏎
"addOne">追加</button> {{ count }}</p>',
    data: function () {
      return {
        count: 0
      }
    },
    methods: {
      addOne: function() {
        this.count++;
      }
    },
  }
  new Vue({
    el: '#app',
    components: {
      'my-component': MyComponent
    }
  })
</script>
```

最後に、コンポーネントを装飾するスタイルを用意します。なお、このCSSは

「comptest1.html」と同じものです。

```css
<style>
  .my-comp {
    width: 300px;
    background-color: #ffffe0;
    border: solid;
    border-color: darkorange;
    border-radius: 8px;
    padding: 8px;
  }
</style>
```


実行してみましょう。「追加」ボタンをクリックすると、それぞれが別々にカウントするのがわかります（図12.2❶❷）。それぞれが別々のコンポーネント（部品）として動いているのです。

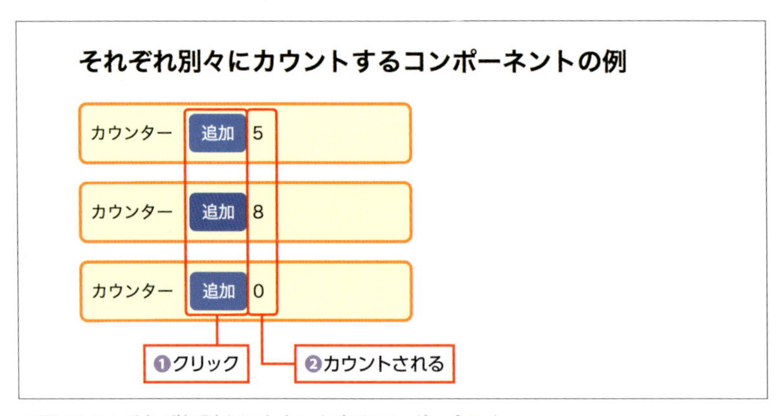

▲図12.2：それぞれ別々にカウントするコンポーネント

03 値を渡す：props

コンポーネントには、HTMLのタグから値を受け渡すことができるので、それを試してみましょう。「**propsオプション**」です。

書式 propsオプションを作る

JS
```
props: {
  プロパティ名: データ型
}
```

propsオプションでも、名前の書き方に注意が必要です。propsオプションの中のプロパティ名は、JavaScript内の名前なので「myName」と**キャメルケース**で書き、HTMLのタグ内で使うときは「my-name」と**ケバブケース**で書きます。

例 キャメルケース

JS
```
props: {
  myName: String
}
```

例 ケバブケース

HTML
```
<my-component my-name="太郎"></my-component>
```

propsオプションでHTMLのタグから値を渡すことができるようになりましたが、たしかに渡ったかどうかをチェックする必要があります。

Vue.jsでは、いろいろなタイミングで関数を実行できるライフサイクルフックという仕組みがあって、そのひとつが「created:」です。これは、「インスタンスが作成された直後」のタイミングで実行することができるのです。

「created:」を使えば、値が渡されたかをチェックすることができます。

書式 インスタンスが作成された直後に実行する処理

JS
```
created: function () {
  // インスタンスが作成された直後に実行する処理
}
```


コラム

Vue.jsのライフサイクル

Vue.jsのライフサイクルは、いろいろなタイミングがあります。今は理解する必要はありませんが、このようなタイミングがあるということを覚えておきましょう（図12.3）。

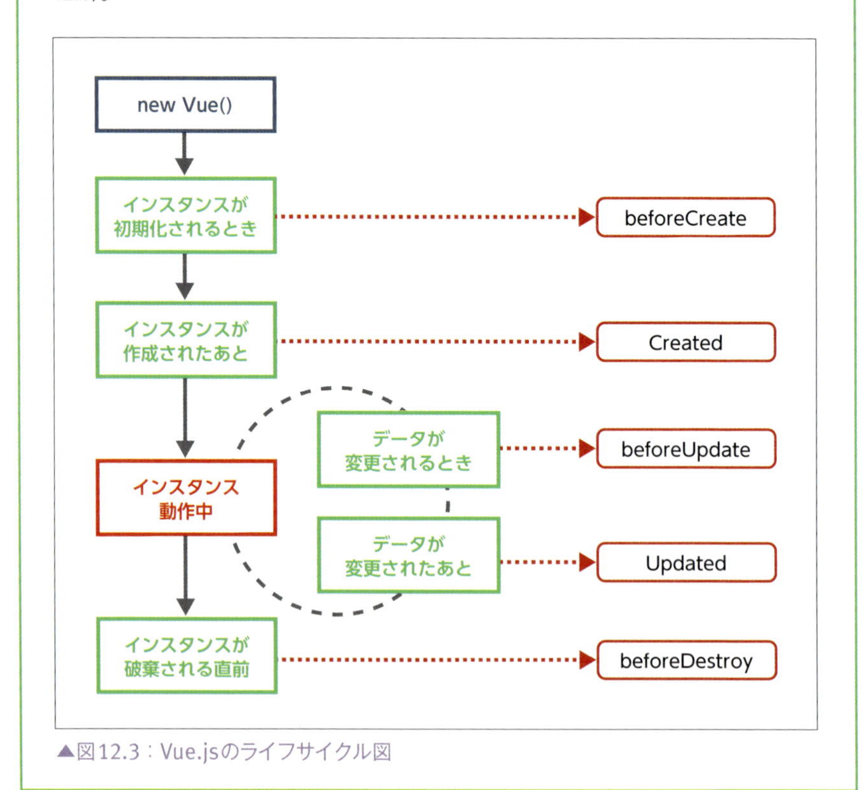

▲図12.3：Vue.jsのライフサイクル図

▶ コンポーネントに値を渡す例：comptest3.html

次も、コンポーネントのタグ名を「my-component」にして、3つ表示してみましょう。それぞれ、コンポーネントに値を渡す「my-name=」の値を変えてみます。1つ目を「桃太郎」、2つ目を「浦島太郎」、3つ目には何も渡さないという設定にします。

HTML

```
<div id="app">
  <my-component my-name="桃太郎"></my-component>
  <my-component my-name="浦島太郎"></my-component>
  <my-component></my-component>
</div>
```

まず、コンポーネントのオブジェクトを作ります。

コンポーネントの「template:」に、myNameを表示するHTMLタグを用意します。「'<p class="my-comp">私は、{{ myName }}です。</p>'」と指定します。

「props:」には、名前を入れる「myName」を用意します。文字列型です。

「created:」では、チェック用のメソッドを用意します。もしHTMLタグでmyNameに値が設定されていなければ、「名無しの権兵衛」と設定します。

次に、Vueインスタンスを作ります。Vueインスタンスの「components:」には、「'my-component': MyComponent」と設定します。

JS

```
<script>
  var MyComponent = {
    template: '<p class="my-comp">私は、{{ myName }}です。</p>',
    props: {
      myName: String
    },
    created: function () {  // インスタンスが作成された後に実行されます。
      if (this.myName == null) {
        this.myName = "名無しの権兵衛";
      }
    }
  }

  new Vue({
    el: '#app',
```

```
    components: {
      'my-component': MyComponent
    }
  })
</script>
```

最後に、コンポーネントを装飾するスタイルを用意します。なお、このCSSは「comptest1.html」と同じものです。

CSS

```
<style>
  .my-comp {
    width: 300px;
    background-color: #ffffe0;
    border: solid;
    border-color: darkorange;
    border-radius: 8px;
    padding: 8px;
  }
</style>
```

実行してみましょう。1つ目に「桃太郎」、2つ目に「浦島太郎」、3つ目に名前が指定されなかった場合に表示される「名無しの権兵衛」と表示されるのがわかります（図12.4）。

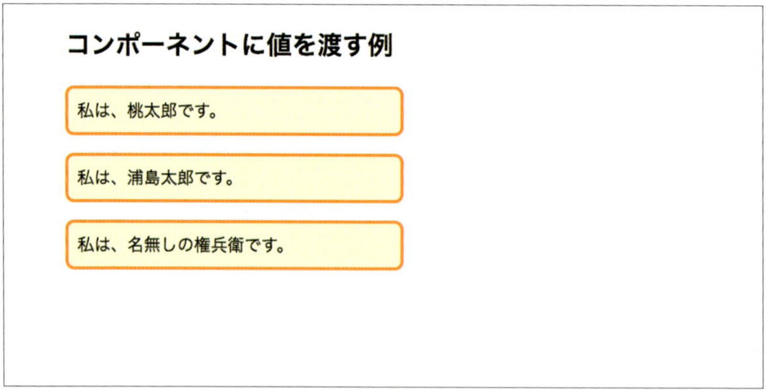

コンポーネントに値を渡す例

私は、桃太郎です。

私は、浦島太郎です。

私は、名無しの権兵衛です。

▲図12.4：コンポーネントに値を渡す

v-forでコンポーネントをくり返す

さて、さらにもう少し工夫してみましょう。

これまではHTMLのコンポーネントのタグ名を3つ並べて書いていましたが、その部分をVueの配列データを使って並べるように修正してみましょう。

▶ 配列からコンポーネントを作って表示する例：comptest4.html

コンポーネントを手動で記述するのではなく、配列データを使って並べてみます。

HTMLの「my-component」タグに「v-for」を使って「myArray」の配列のデータをあるだけくり返し表示するようにします。さらに各データの名前を、「my-name=」を通してコンポーネントに渡します。

HTML

```
<div id="app">
  <my-component v-for="(item, index) in myArray" v-bind:my-name= ↵
"item" ></my-component>
</div>
```

続いて、コンポーネントのオブジェクトを作ります。この部分は、「comptest3.html」と同じものです。

次に、Vueインスタンスを作ります。ここがこれまでと違います。

Vueインスタンスの「data:」には、コンポーネントに渡す名前の配列「myArray」を用意します。この配列の個数だけコンポーネントが並べて表示されることになります。

「components:」には、「'my-component': MyComponent」と設定します。

JS

```
<script>
  var MyComponent = {
    template: '<p class="my-comp">私は、{{ myName }}です。</p>',
    props: {
      myName: String
    },
    created: function () {  // インスタンスが作成された後に実行されます。
      if (this.myName == null) {
        this.myName = "名無しの権兵衛";
```

```
        }
      }
    }

    new Vue({
      el: '#app',
      data: {
        myArray:['桃太郎','浦島太郎','金太郎','三年寝太郎','龍の子太郎']
      },
      components: {
        'my-component': MyComponent
      }
    })
  </script>
```


最後に、コンポーネントを装飾するスタイルを用意します。このCSSも「comptest1.html」と同じものです。

CSS

```css
  <style>
    .my-comp {
      width: 300px;
      background-color: #ffffe0;
      border: solid;
      border-color: darkorange;
      border-radius: 8px;
      padding: 8px;
    }
  </style>
```

実行してみましょう。「myArray」に用意した配列のデータの個数だけ、コンポーネントが表示されるのがわかります（図12.5）。

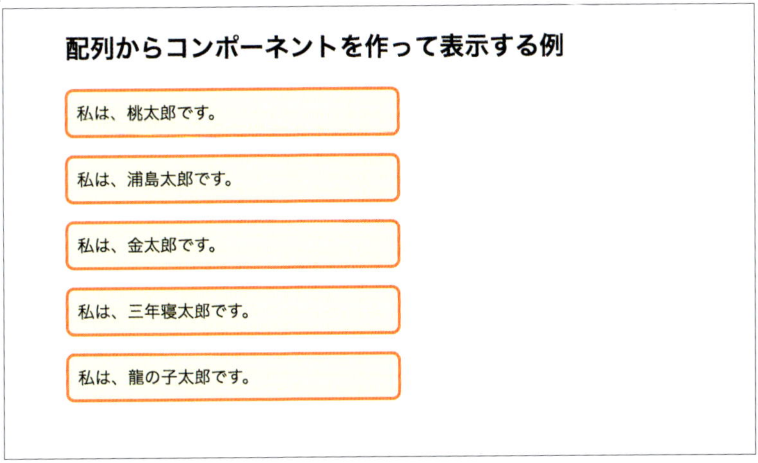

配列からコンポーネントを作って表示する例

私は、桃太郎です。

私は、浦島太郎です。

私は、金太郎です。

私は、三年寝太郎です。

私は、龍の子太郎です。

▲図12.5：配列からコンポーネントを作って表示する

04 まとめ

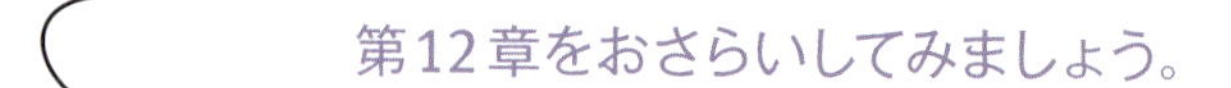

図で見てわかるまとめ

何度も使うような部品は、コンポーネントのオブジェクトとして作っておきます。

これを、Vueインスタンスのcomponentsに設定すると、ここで指定したタグを使ってコンポーネントを表示させることができます（図12.6）。

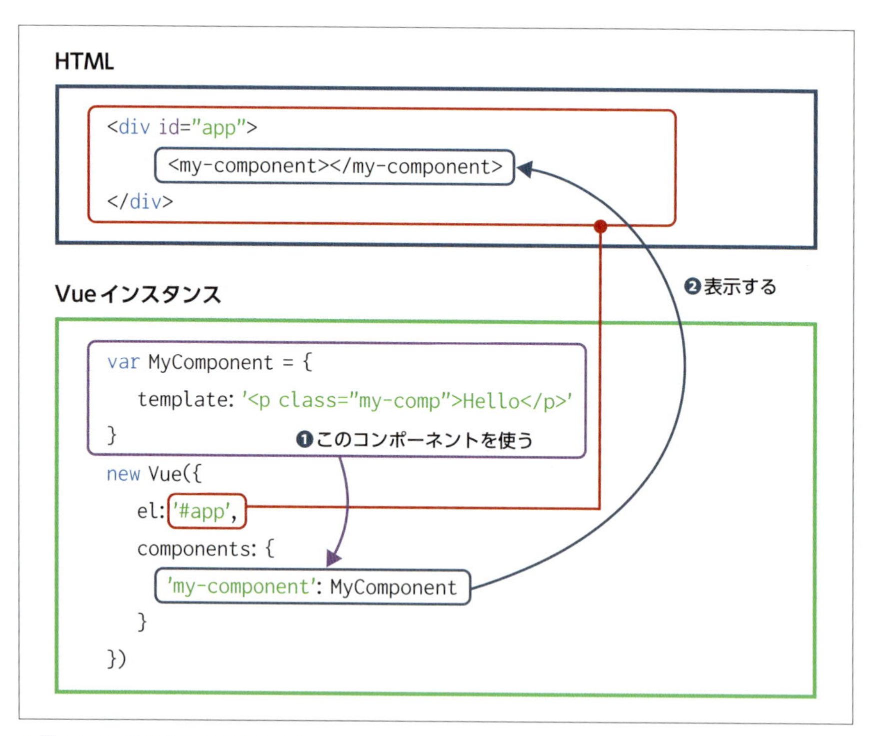

▲図12.6：図で見てわかるまとめ

書き方のおさらい

コンポーネントを作って表示するとき

❶ 自作コンポーネントのタグ名を考えて、そのタグを書きます。

HTML
```
<my-component></my-component>
```

❷ Vueインスタンスで使うコンポーネントオブジェクトを作ります。

JS
```
var MyComponent = {
  template: '<p class="my-comp">Hello</p>'
}
```

❸ Vueインスタンスで「components:」にプロパティを用意して、コンポーネントオブジェクトを入れます。

JS
```
components: {
  'my-component': MyComponent
}
```

データを扱うコンポーネントを作って表示するとき

❶ 自作コンポーネントのタグ名を考えて、そのタグを書きます。

HTML
```
<my-component></my-component>
```

❷ データを扱うコンポーネントオブジェクトを作ります。このとき「data:」は、functionを使って作ります。

JS
```
var MyComponent = {
  template: '<p class="my-comp">カウンター  <button v-on:click=⏎
"addOne">追加</button> {{ count }}</p>',
  data: function () {
    return {
      count: 0
    }
```

```
    },
    methods: {
      addOne: function() {
        this.count++;
      }
    },
}
```

❸ Vueインスタンスで「components:」にプロパティを用意して、コンポーネントオブジェクトを入れます。

```
JS
components: {
  'my-component': MyComponent
}
```

Chapter 13

JSONデータを表示させてみよう

01 JSONファイルの読み込み方

JavaScriptとVue.jsを使って
JSONファイルを読み込んでみましょう。

これまで、HTMLファイルに直接書いたデータを使っていましたが、外部からデータを読み込んで表示する仕組みを作ってみましょう。

読み込むデータの種類はいろいろありますが、広く使われている**JSONデータ**を使うことにします。配列のデータを外部のJSONファイルに用意しておいて、そのファイルを読み込んでコンポーネントを並べてみましょう。

以下では、外部ファイルを読み込むところから確認していきます。手始めに、JavaScriptを使った方法を見ていきます。JavaScriptの**FileReaderメソッド**を使うとローカルファイルを読み込めます。また、**JSON.parseメソッド**を使うと、JSONデータに変換できます。

▶ JSONを読み込む例（JavaScript）：jsonLoad.html

「ファイルを選択」ボタンをクリックして、外部JSONファイルを読み込ませるプログラムを**JavaScript**で作ってみましょう。

JSONファイルは、以下のデータになっていると考えて計画します（リスト13.1）。titleとbodyの値が入ったオブジェクトが配列になっています。

▼リスト13.1：テスト用JSONファイル（test.json）

JSON
```
[
  {"title":"A","body":"a"},
  {"title":"B","body":"b"},
  {"title":"C","body":"c"}
]
```

HTMLがどのようになるか見ていきましょう。

input要素のtype属性に「"file"」を指定することで「ファイルを選択」ボタンを表示することができます。

ファイルを読み込んだら、「FileReader」オブジェクトを作ってファイルの読み込み処理を行います。

「FileReader」オブジェクトの「onload」イベントで読み込んだあとの処理を行います。「e.target.result」に読み込んだデータが入っているので、「JSON.parse」メソッドでJSONデータに変換します。

テストとして、読み込んだデータ、JSONの0番目のtitleデータ、bodyデータをコンソールに表示してみます。

HTML

```
<body>
  <h2>JSONを読み込む例（JavaScript）</h2>
  <input type="file" id="loader">
  <script>
    var obj1 = document.getElementById("loader");
    obj1.addEventListener("change", loadFile, false);
    function loadFile(e) {
      file = e.target.files[0]
      if (file) {
        var reader = new FileReader();
        reader.onload = function(e){
          console.log(">>>"+e.target.result);
          json = JSON.parse(e.target.result);
          console.log(">>>"+ json[0].title);
          console.log(">>>"+ json[0].body);
        }
        reader.readAsText(file);
      }
    }
  </script>
</body>
```

実行してみましょう。JSONファイルを読み込むとコンソールに表示されます(図13.1❶❷)。

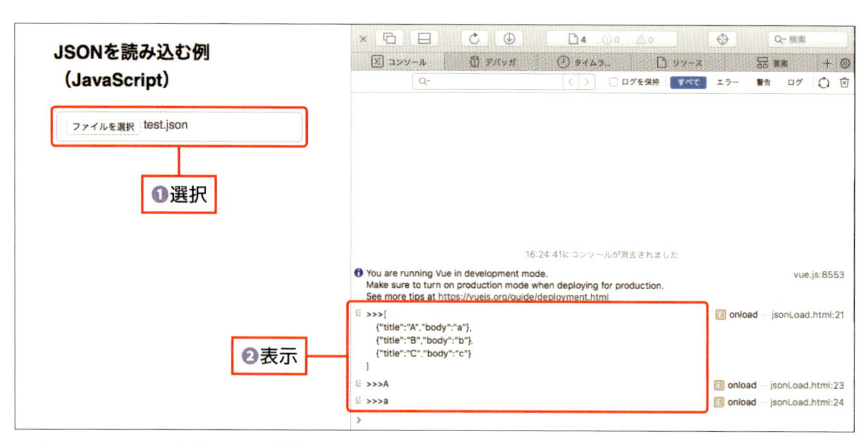

▲図13.1：JSONを読み込む例（JavaScript）

▶ JSONを読み込む例（Vue.js）：jsonLoadVue.html

同じように「ファイルを選択」ボタンをクリックして、外部JSONファイルを読み込ませるプログラムをVue.jsで作ってみましょう。

HTMLの部分は次のようになります。

input要素の「type="file"」で表示された「ファイル選択」ダイアログでファイルが選択されたとき、「onFileChange」メソッドを実行します。読み込んだデータは、「loadData」に入る予定なので、マスタッシュタグでそのまま表示したいと思います。

HTML
```
<div id="app">
  <input type="file" v-on:change="onFileChange">
  <p>読み込みデータ＝{{ loadData }}</p>
</div>
```

Vueインスタンスの「methods:」に、ファイルを読み込む「onFileChange」メソッドを用意します。

JavaScript版とほとんど同じですが、「reader.onload」は「this.loadData」と書くのではなく、「this」を別の変数に入れて渡します。ここでは「var vm = this;」と入れておいて「vm.loadData」と指定しました。

```
<script>
  new Vue({
    el: '#app',
    data:{
      loadData:'',
    },
    methods: {
      onFileChange: function(e) {
        file = e.target.files[0]
        if (file) {
          var reader = new FileReader()
          var vm = this;
          reader.onload = function(e){
            json = JSON.parse(e.target.result);
            vm.loadData = json;
          }
          reader.readAsText(file)
        }
      }
    }
  });
</script>
```

実行してみましょう。JSONファイルを読み込むと画面上に表示されます（図13.2❶❷）。

▲図13.2：JSONを読み込む例（Vue.js）

02 JSONデータを読み込んで、コンポーネントで並べる

配列データをコンポーネントで並べてみましょう。

JSONデータを読み込むことができましたので、これを使って「JSONデータを読み込んで、コンポーネントで並べるプログラム」を作ってみましょう。

プログラムの設計

まずは、どのように作るのかを考えていきましょう。最初に、「ファイル内の仮のデータでコンポーネントを並べ、ソートしたりシャッフルしたりできるもの」を作り、次にそれに「JSONファイルの読み込み機能」を追加することにします。

1. 準備をする

Vue.jsのライブラリ（vue.js）を読み込みます。

2. HTML要素を用意する

コンポーネントを複数並べます。また、「ソート」ボタン、「シャッフル」ボタンも用意します。コンポーネントの中には、コンポーネントが持っているそれぞれの名前（object.title）と解説（object.body）を表示させます。

3. Vueインスタンスを作る

仮のデータと、ソートおよびシャッフルを行うメソッドをそれぞれ用意します。

4. つなぎ方を決める

配列データを使ってリストを表示します。オブジェクトデータをコンポーネントに受け渡します。ソート用のボタンとメソッドをつなぎ、シャッフル用のボタンとメソッドも同様につなぎます。

▶ 配列データをコンポーネントで並べる例：jsontest1.html

1. 準備をする

まず、HTMLの外枠から作って準備していきましょう。

head要素で、Vue.jsのライブラリ（vue.js）を読み込みます。

HTML

```
<!DOCTYPE html>
<html>
  <head>
    <meta charset="UTF-8">
    <title>Vue.js sample</title>
    <link rel="stylesheet" href="style.css" >
    <script src="https://cdn.jsdelivr.net/npm/vue@2.5.17/dist/vue.js">
    </script>
  </head>

  <body>
  </body>
</html>
```

2. HTML要素を用意する

コンポーネントのタグ名を「my-product」にして、くり返し表示させるのでdiv要素で囲みます。「ソート」ボタン、「シャッフル」ボタンも用意します。

HTML

```
<div id="app">
  <div>
    <my-product>
  </div>
  <button >ソート</button>
  <button >シャッフル</button>
</div>
```

3. Vueインスタンスを作る

まず、コンポーネントのオブジェクトを作ります。

HTMLからオブジェクトを受け取れるように、「props:」にobjectを用意します。「template:」には、データオブジェクトのtitleとbodyを表示させるHTMLタグを用意します。

次に、Vueインスタンスを作ります。

「data:」には、「dataArray」に仮データを配列で用意します。

「components:」には、「'my-component': MyComponent」と設定します。

「methods:」には、ソートする「sortData」メソッドと、シャッフルする「shuffleData」メソッドを用意します。

JS

```
<script>
  var MyComponent = {
    props: ["object"],
    template:`
    <div style="width:300px;backgroundColor:#ffddaa;">
      <p style="backgroundColor:#ffa95e;">{{object.title}}</p>
      <p>解説：{{object.body}}</p>
    </div>`
  }
  new Vue({
    el: '#app',
    data: {
      dataArray: [
        {title:'AAA',body:'aaa'},
        {title:'BBB',body:'bbb'},
        {title:'CCC',body:'ccc'}
      ]
    },
    components: {
      'my-product': MyComponent
    },
    methods: {
      sortData: function() {
        this.dataArray.sort(function(a,b) {
          return (a.title < b.title ? -1 : 1);
          return 0;
        });
      },
      shuffleData: function() {
        var buffer = [];
        var len = this.dataArray.length;
        for (var i=len; len>0; len--) {
          var r = Math.floor(Math.random() * len);
          buffer.push(this.dataArray[r]);
          this.dataArray.splice(r, 1);
        }
```

```
          this.dataArray = buffer;
        }
      }
    });
  </script>
```


4. つなぎ方を決める

dataArrayを使ってリスト表示を行います。取り出したitemをコンポーネントに受け渡します。

2.で用意したHTML要素を追加・変更して以下のように記述します。

ソートボタンに「sortData」、シャッフルボタンに「shuffleData」をつなぎます。各ボタンのラベルは「データのソート」と「データのシャッフル」に変更しました。

HTML

```
<div id="app">
  <div v-for="item in dataArray" v-bind:key="item.title">
    <my-product v-bind:object="item"></my-product>
  </div>
  <button v-on:click="sortData">データのソート</button>
  <button v-on:click="shuffleData">データのシャッフル</button>
</div>
```

実行してみましょう。「データのソート」ボタン、「データのシャッフル」ボタンをクリックするとコンポーネントの並びが変わるのがわかります（図13.3❶❷）。

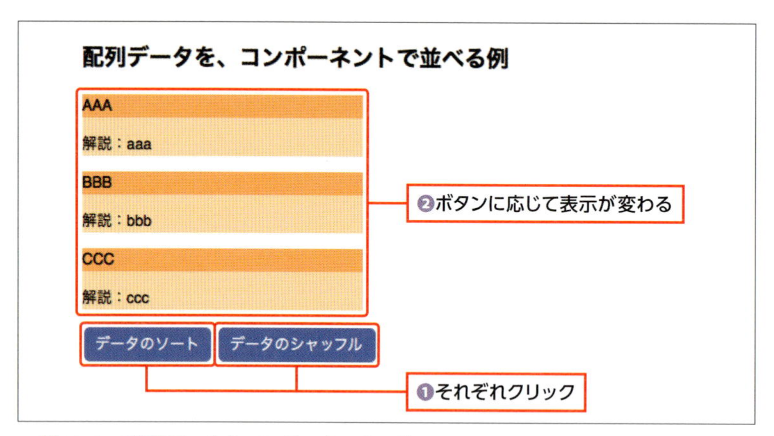

▲図13.3：配列データをコンポーネントで並べる

03 改良する：トランジションをつける

外部JSONデータを読み込んで、
トランジションをつけてみましょう。

それでは、「JSONファイルの読み込み機能」を追加しましょう。移動することがわかるようにトランジションアニメーションもつけます。

プログラムの設計

どのように改良していくのか考えていきましょう。最初に、「ファイル内の仮のデータでコンポーネントを並べ、ソートしたりシャッフルしたりできるもの」を作り、次にそれに「JSONファイルの読み込み機能」を追加することにします。

1. HTML要素を追加する

トランジションアニメーションを行うようにします。ファイルを読み込む「ファイルを選択」ボタンも追加します。

2. Vueインスタンスを修正する

ファイルを読み込むメソッドを追加します。

3. つなぎ方を決める

ファイルを読み込む「ファイルを選択」ボタンと、読み込むメソッドをつなぎます。最後に、どのようにトランジションするかをCSSで用意します。

▶ JSONデータを読み込んで、トランジションをつける例：jsontest2.html

1. HTML要素を追加する

トランジションアニメーションを行うので、div要素を「<transition-group>」

で囲みます。

input要素の「type="file"」で、「ファイルを選択」ボタンを追加します。

HTML

```
<div id="app">
  <transition-group>
    <div v-for="item in dataArray" v-bind:key="item.title">
      <my-product v-bind:object="item"></my-product>
    </div>
  </transition-group>
  <button v-on:click="sortData">データのソート</button>
  <button v-on:click="shuffleData">データのシャッフル</button>
  <p><input type="file" v-on:change="loadData">
</div>
```


2. Vueインスタンスを修正する

「loadData」メソッドを追加します。

JS

```
methods: {
  sortData: function() {
   (…略…)
  },
  shuffleData: function() {
   (…略…)
  },
  loadData: function(e) {
    file = e.target.files[0]
    if (file) {
      var reader = new FileReader()
      var vm = this;
      reader.onload = function(e){
        vm.dataArray = JSON.parse(e.target.result);
      }
      reader.readAsText(file)
    }
  }
}
```

3. つなぎ方を決める

ファイルを読み込む「ファイルを選択」ボタンと、読み込むメソッドをつなぎます。

HTML

```
<button v-on:click="sortData">データのソート</button>
<button v-on:click="shuffleData">データのシャッフル</button>
<p><input type="file" v-on:change="loadData">
```

どのようにトランジションするかをCSSで用意します。1秒かけて移動します。

CSS

```
<style>
.v-move {
  transition: transform 1s;
}
</style>
```

表示させるデータも、これまでとは違うデータを使ってみましょう（リスト13.2）。プログラミング言語を解説しているテキスト（JSONファイル）です。

▼リスト13.2：テスト用JSONファイル（program.json）

JSON

```
[
  {"title":"Python言語","body":"数値計算が得意な、シンプルなプログラミング言語です。人工知能の研究で注目の言語です。"},
  {"title":"C言語","body":"ハードウェアやOS向けのプログラミング言語です。古くからある言語で、数多くのプログラミング言語の元になりました。"},
  {"title":"Java言語","body":"ハードウェアに依存しないプログラミング言語です。"}
]
```

実行してみましょう。JSONデータを読み込んで、「データのソート」ボタン、「データのシャッフル」ボタンをクリックすると、コンポーネントの並びが変わるのがわかります（図13.4❶～❺）。

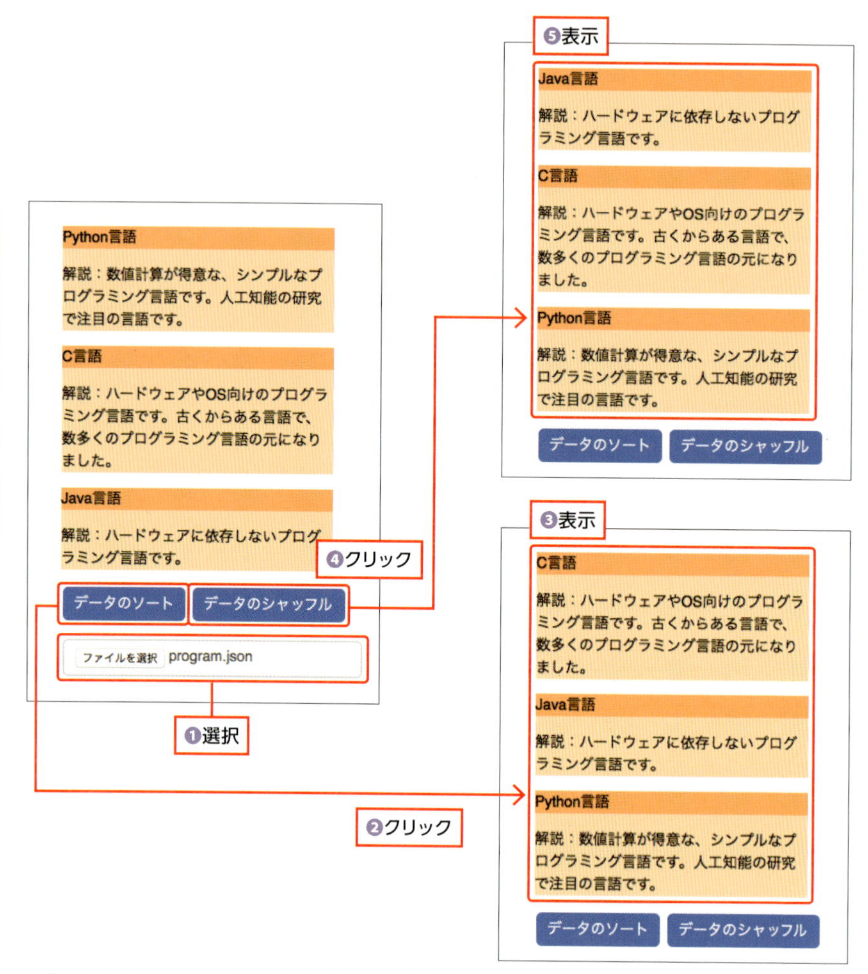

▲図13.4：JSONデータを読み込んで、トランジションをつける
「データのソート」ボタンをクリックすると、コンポーネントが並べ替えられる。
「データのシャッフル」ボタンをクリックすると、ランダムにコンポーネントが並べ替えられる

最終的にどのようなHTMLになったのか、ここでもう一度見ておきましょう（リスト13.3）。

▼リスト13.3：jsontest2.html

HTML

```
<!DOCTYPE html>
<html>
  <head>
    <meta charset="UTF-8">
    <title>Vue.js sample</title>
    <link rel="stylesheet" href="style.css" >
    <script src="https://cdn.jsdelivr.net/npm/vue@2.5.17/dist/vue.js">⏎
</script>
  </head>

  <body>
    <h2>JSONデータを読み込んで、コンポーネントで並べる例</h2>
    <div id="app">
      <transition-group>
        <div v-for="item in dataArray" v-bind:key="item.title">
          <my-product v-bind:object="item"></my-product>
        </div>
      </transition-group>
      <button v-on:click="sortData">データのソート</button>
      <button v-on:click="shuffleData">データのシャッフル</button>
      <p><input type="file" v-on:change="loadData">
    </div>

    <script>
      var MyComponent = {
        props: ["object"],
        template:`
        <div style="width:300px;backgroundColor:#ffddaa;">
          <p style="backgroundColor:#ffa95e;">{{object.title}}</p>
          <p>解説：{{object.body}}</p>
        </div>`
      }
      new Vue({
        el: "#app",
        data: {
          dataArray: [
            {title:'AAA',body:'aaa'},
            {title:'BBB',body:'bbb'},
            {title:'CCC',body:'ccc'}
          ]
        },
        components: {
          'my-product': MyComponent
```

```
        },
        methods: {
          sortData: function() {
            this.dataArray.sort(function(a,b) {
              return (a.title < b.title ? -1 : 1);
              return 0;
            });
          },
          shuffleData: function() {
            var buffer = [];
            var len = this.dataArray.length;
            for (var i=len; len>0; len--) {
              var r = Math.floor(Math.random() * len);
              buffer.push(this.dataArray[r]);
              this.dataArray.splice(r, 1);
            }
            this.dataArray = buffer;
          },
          loadData: function(e) {
            file = e.target.files[0]
            if (file) {
              var reader = new FileReader()
              var vm = this;
              reader.onload = function(e){
                vm.dataArray = JSON.parse(e.target.result);
              }
              reader.readAsText(file)
            }
          }
        }
      });
    </script>

    <style>
    .v-move {
      transition: transform 1s;
    }
    </style>
  </body>
</html>
```

04 まとめ

第13章をおさらいしてみましょう。

図で見てわかるまとめ

JSON.parseを使うと、用意したJSONファイルを、JSONデータに変換して読み込むことができます（図13.5）。JSONデータをVueインスタンスの「data:」のプロパティに設定すれば、そのデータ構造のままVueインスタンス内で使えるようになります。

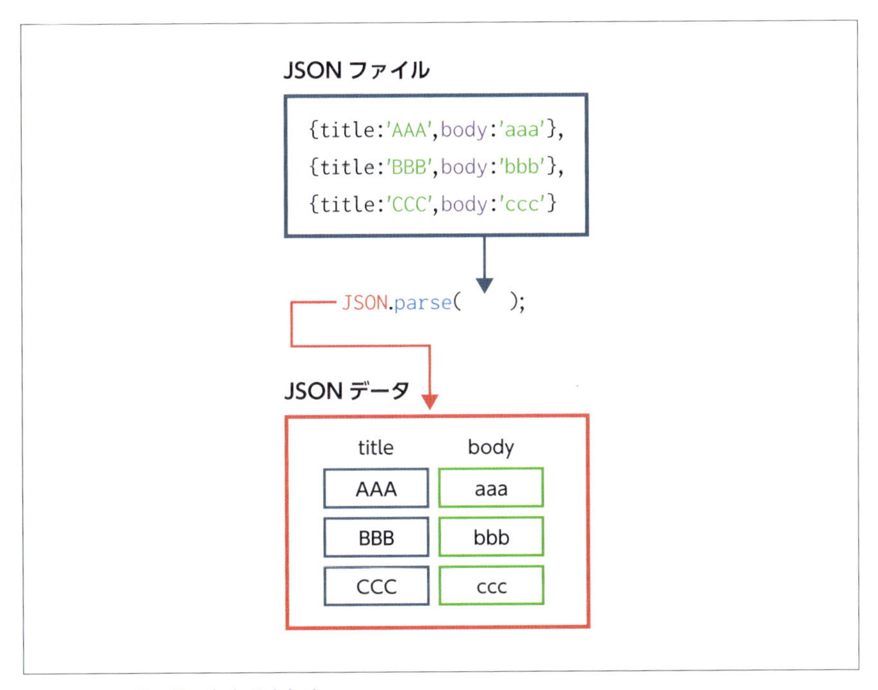

▲図13.5：図で見てわかるまとめ

書き方のおさらい

JSONファイルを読み込むとき

❶ HTMLのinput要素の「type="file"」で、「ファイルを選択」ボタンを表示します。このとき「id="ID名"」と書いて、JavaScriptとのつながりを用意します。

HTML
```
<input type="file" id="loader">
```

❷ そのIDの要素で、値が変わった（change）とき、読み込みメソッド（loadFile）を呼び出すようにします。

JS
```
var obj1 = document.getElementById("loader");
obj1.addEventListener("change", loadFile, false);
```

❸ 読み込みメソッド（loadFile）では、ファイルを読み込めたら（reader.onload）、JSONファイルの内容をJSONデータに変換（JSON.parse）するように設定しておいてから、読み込みを開始します（reader.readAsText）。

JS
```
function loadFile(e) {
  file = e.target.files[0]
  if (file) {
    var reader = new FileReader();
    reader.onload = function(e){
      json = JSON.parse(e.target.result);
    }
    reader.readAsText(file);
  }
}
```

INDEX

記号

A

B

C

D

E

F

G

H

I

J

M

さ行

た行

な行

は行

ま行

ら

PROFILE 著者プロフィール

森 巧尚（もり・よしなお）

パソコンがこの世に登場した時代からミニゲームを作り続けて30数年。現在は、iOSアプリやWebコンテンツの制作、執筆活動、関西学院大学や成安造形大学の非常勤講師、プログラミングスクールコプリの講師など、プログラミングに関わる幅広い活動を行っている。
近著に『Python1年生』『Java1年生』（翔泳社）、『作って学ぶiPhoneアプリの教科書～人工知能アプリを作ってみよう！』『楽しく学ぶアルゴリズムとプログラミングの図鑑』（マイナビ出版）、『なるほど！プログラミング』（SBクリエイティブ）、『小学生でもわかるiPhoneアプリのつくり方』（秀和システム）、など多数。

装丁・本文デザイン	森 裕昌
本文イラスト	オフィスシバチャン
カバーイラスト	iStock.com/aurielaki
編集・DTP	有限会社風工舎
校正協力	佐藤 弘文
検証協力	有限会社風工舎

動かして学ぶ！ Vue.js（ビュージェイエス）開発入門

2019年 1月15日 初版第1刷発行
2022年 1月15日 初版第3刷発行

著 者	森 巧尚（もり・よしなお）
発行人	佐々木 幹夫
発行所	株式会社翔泳社（https://www.shoeisha.co.jp）
印刷・製本	株式会社シナノ

＊本書へのお問い合わせについては、iiページに記載の内容をお読みください。
＊落丁・乱丁はお取り替えいたします。03-5362-3705までご連絡ください。

ISBN978-4-7981-5892-1
Printed in Japan